Einführung in die Mathematik II
– Geometrie

Mathematik Primarstufe

Herausgegeben von
Prof. Dr. Friedhelm Padberg
Universität Bielefeld

Martin Stein

Einführung in die Mathematik II – Geometrie

Spektrum Akademischer Verlag Heidelberg · Berlin

Die Deutsche Bibliothek – CIP-Einheitsaufnahme

Stein, Martin:
Einführung in die Mathematik II – Geometrie / von Martin Stein. – Heidelberg ;
Berlin : Spektrum, Akad. Verl., 1997
  (Mathematik Primarstufe)
  ISBN 3-8274-0196-8

Umschlaggestaltung: Kurt Bitsch, Birkenau
Druck und Verarbeitung: Druckerei und Verlag Bitsch, Birkenau

Inhaltsverzeichnis

Vorwort

Dieses Buch wendet sich an Studierende im Grundstudium des Faches Mathematik für das Lehramt Primarstufe. Es führt in vier wesentliche Fragestellungen der Geometrie ein:

Im *ersten Kapitel* zeigen wir im Rahmen einer kurzen Darstellung *graphentheoretischer Aspekte* exemplarisch, wie man Bereiche der Umwelt mit Hilfe geometrischer Methoden mathematisiert. Im *zweiten Kapitel* gehen wir auf Fragen der *Längen-, Flächen- und Volumenmessung* ein. Im *dritten Kapitel* behandeln wir die *Raumgeometrie*. Wesentliches Ziel ist dabei die Schulung der Raumvorstellung. Mit der Behandlung der *Deckabbildungen* bei n-Ecken und Bandornamenten gehen wir schließlich im *vierten Kapitel* beispielhaft darauf ein, wie ein mathematisches Gebiet - hier die Geometrie - mit Hilfe von Methoden anderer mathematischer Gebiete (hier der Algebra) strukturiert wird.

Das Buch soll sowohl Studierende mit Mathematik als *Schwerpunktfach* als auch Studierende im sogenannten *weiteren Fach* ansprechen. Deshalb ist es so aufgebaut, daß bei der Lektüre wie auch bei der Behandlung in einer Vorlesung verschiedene Schwerpunktsetzungen möglich sind:
- Bei einer ausführlichen Behandlung der ersten drei Kapitel wird man möglicherweise auf die Gruppe der Deckabbildungen verzichten und lediglich kurz und exemplarisch auf die Bandornamente eingehen,
- bei einem Verzicht auf das Kapitel über die Längen-, Flächen und Volumenmessung kann man in einem Wintersemester die anderen drei Kapitel ausführlich behandeln. Im kürzeren Sommersemester kann man für Studierende im *weiteren Fach* zunächst die Färbungssätze auslassen.[1]

Wir gehen davon aus, daß Mathematik kein fertiges Gebäude ist, auch wenn man oft diesen Eindruck beim Besuch mathematischer Lehrveranstaltungen erhält. Mathematische Sätze und Beweise stehen nicht sofort fertig auf dem Papier, sondern werden in oft mühevoller Arbeit entwickelt.

---

[1]   Die Abfolge *Graphentheorie ohne Färbungssätze, Deckabbildungen, Raumgeometrie* ist in Münster in den letzten Sommersemestern mehrfach in Vorlesungen für die Studierenden der Primarstufe im sogenannten weiteren Fach erfolgreich erprobt worden.

Deshalb verfolgt das Buch neben der *Vermittlung der Inhalte* die *Einführung in Möglichkeiten und Methoden des Problemlösens* als wesentliche weitere Zielsetzung. Aus diesem Grund

- behandeln wir an vielen Stellen Beweise und Problemlösungen nicht in der üblichen Form, sondern "Schritt für Schritt", ggf. auch unter bewußter Einbeziehung von "Irrwegen",
- betrachten wir häufig Beispiele, um einen besseren Überblick über das Problem zu erhalten,
- und führen rückblickende Analysen der geleisteten Arbeit durch.

Integraler Bestandteil dieses Konzepts sind die

- Einbeziehung des Lesers/ der Leserin in den Arbeitsprozeß und die
- Ermunterung zum selbständigen mathematischen Arbeiten.

Die Gestaltung des Textes (der deshalb gelegentlich sogar mit Hinweisen auf versteckte "Fallen" arbeitet) wie auch die in den Text eingebundenen Aufgaben - zu denen sich Lösungshinweise am Ende des Bandes finden - sollen in diesem Sinne zur aktiven Teilnahme an der Dynamik des mathematischen Arbeitsprozesses anregen.

Neben dem Verfasser haben viele Personen Beiträge zu diesem Text geleistet. Zunächst ist dies Frau S. van Straelen, der ich für die vielen Ideen und Anregungen danke, die sie zum Manuskript beigesteuert hat. Frau N. Güler hat Teile des Textes und viele Grafiken mit Geduld und Sorgfalt erstellt. Herrn R. Schwarzkopf danke ich für die sorgfältige und kritische Durchsicht des ersten Kapitels.
Danken möchte ich auch den 750 Studentinnen und Studenten meiner Vorlesung *Geometrie* im Sommersemester 1995. Sie haben die Vorlesung, der die "Urfassung" dieses Buches zugrunde lag, mit Interesse und Geduld begleitet und mit ihren Reaktionen und Kommentaren viel zur Konzeption der Endfassung des Manuskripts beigetragen.

I Die Wirklichkeit geometrisieren: Graphentheorie

1 Einleitung

Viele Dinge, die uns im Alltag begegnen, sind mathematischer Art, ohne daß wir es bemerken, bzw. ihre mathematische Grundstruktur erkennen. So sieht man z.B. einen Kirchturm als Kirchturm und nicht als einen Quader, auf dem eine Pyramide steht.

Auch wenn man versucht, das sogenannte "Haus vom Nikolaus" zu zeichnen, kann man vielleicht erkennen, daß es sich hier um ein mathematisches Problem handelt. Bevor wir aber auf das "Haus vom Nikolaus" eingehen, gehen wir auf die Reise nach Steinhausen. Steinhausen ist ein kleines idyllisches Städtchen im tiefen Münsterland. 1994 bestand Steinhausen aus genau fünf Häusern. Zwischen den Häusern gibt es einige Verbindungsstraßen. Der "Stadtplan" von Steinhausen sieht wie nebenstehend aus.

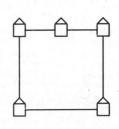

Bürgermeister von Steinhausen kann nur werden, wer, ausgehend von seinem eigenen Haus, in allen Häusern Wahlzettel abgeben kann, ohne dabei (im Zeitalter des Umweltschutzes) eine Straße doppelt zu befahren. Am Ende der Fahrt soll er wieder zu Hause ankommen. Noch kann sich in Steinhausen jeder um das Amt des Bürgermeisters bewerben.

1996 stehen in Steinhausen neue Bürgermeisterwahlen an. Inzwischen sind 4 Häuser und vier Straßen hinzugekommen, wie die nebenstehende Abbildung zeigt.

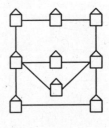

Auch 1997 hat Steinhausen sich wieder vergrößert. Es sind zwei Häuser und drei Straßen hinzugekommen. Steinhausen hat jetzt die links wiedergegebene Gestalt.

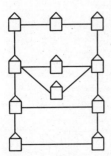

Nach dem Tod des erst im Vorjahr gewählten Bürgermeisters stehen wieder einmal neue Bürgermeisterwahlen an. Sie sollen unter den gleichen Bedingungen stattfinden wie 1996. Wo wohnt der neue Bürgermeister?

Da Steinhausen keinen neuen Bürgermeister finden konnte, wurde es von der nächsten Stadt, Steinstadt, eingemeindet. Der Bürgermeister von Steinstadt ist darüber so erfreut, daß er alle Kinder Steinhausens zu einem Zoobesuch einlädt. Die folgende Abbildung zeigt den Plan des Zoos.

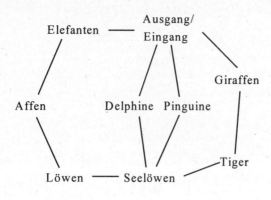

Der Bürgermeister will mit System durch den Zoo zu gehen; dabei soll man alle Gehege mindestens einmal gesehen haben und jeden Weg genau einmal gegangen sein. Wie sieht der Weg durch den Zoo aus? Auf den ersten Blick sehen diese Probleme (Wahl des Bürgermeisters und Zoobesuch) ganz unterschiedlich aus, aber dreht man den Zoo um 90°, so sieht man, daß der Zoo dem kleinen Steinhausen von 1996 ähnelt. Zwischen diesen beiden Aufgaben scheint also ein Zusammenhang zu bestehen.

Hätten wir für Wege, Straßen, Häuser, Gehege, ... einheitliche Bezeichnungen, so wäre es leichter, die Gemeinsamkeiten zwischen diesen Beispielen zu erkennen. Wir nennen deshalb die Häuser in einer Stadt, die Gehege in einem Zoo, ... **Knoten**. Die Verbindungslinien zwischen den **Knoten**, also die Straßen in einer Stadt, die Wege in einem Zoo, ... nennen wir **Bögen**.

Zur Verdeutlichung noch einige *Beispiele:*

Beispiel 1   Das Haus vom Nikolaus

Altbekannt und doch immer wieder spannend ist das Problem des "Hauses vom Nikolaus": Wer schafft es, ohne den Stift abzusetzen, ein quadratisches Häuschen mit diagonalen Balken und spitzem Dach zu zeichnen? Man benötigt dazu 8 gerade Linien entsprechend der Anzahl der Silben im Merkvers "Das ist das Haus vom Ni-ko-laus".

Dieses Problem läßt sich in verschiedenen Schulstufen immer wieder aufgreifen. Im Primarstufenunterricht interessiert die Frage: Läßt sich das Haus zeichnen? An welcher Stelle muß man beginnen?

Später setzen sich die Schüler mit der Frage auseinander, weshalb sich zwar ein "Haus vom Nikolaus" zeichnen läßt, jedoch zwei Häuser mit einer gemeinsamen Wand nicht zu zeichnen sind. Solche Probleme nur durch "Ausprobieren" zu lösen, ist schwierig. Also ist es nötig, diese Probleme mathematisch zu betrachten und dabei Kriterien für die Lösbarkeit, bzw. Unlösbarkeit solcher Probleme herauszuarbeiten.

Betrachten wir das "Haus vom Nikolaus" etwas genauer:
Mit obigen Begriffen können wir sagen: Das Haus vom Nikolaus besteht aus
5 Knoten und 8 Bögen (Die Stelle, an der sich in der Mitte des Hauses zwei
Bögen kreuzen, sehen wir nicht als einen Knoten, da wir sonst auch 2 Bögen
mehr hätten und dann mit unserem Merkvers nicht mehr zurechtkämen). Um
die Verständigung zu erleichtern, numerieren wir die Knoten und Bögen:
k_1, k_2, k_3, k_4, k_5 bzw. $b_1, b_2, b_3, b_4, b_5, b_6, b_7, b_8$.
Das "Haus des Nikolaus" sieht also folgendermaßen aus:

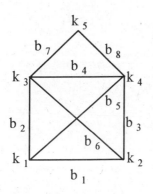

Versucht man, das "Haus vom Nikolaus" zu
zeichnen und beginnt dabei mit k_5, so wird
man feststellen, daß man das "Haus vom Nikolaus" nicht zeichnen kann. Auch wenn man
bei k_3 oder k_4 beginnt, kann man das Haus
nicht zeichnen.
Beginnt man allerdings mit k_1 oder k_2, so ist
es wirklich möglich, das "Haus vom Nikolaus" in einem Zug zu zeichnen. Woran
könnte das liegen?
Beginnt man seine Zeichnung in k_5, so wird
dieser Knoten sicher auch Endknoten der
Zeichnung sein, da in k_5 zwei Bögen aufeinandertreffen (Anschaulicher: Man geht also einmal vom Knoten über den
einen Bogen "weg" und muß auf dem anderen Bogen wieder zum Knoten
zurückkommen. Hat man dies einmal gemacht, kommt man von dem Knoten
nicht mehr "weg"). Ebenso verhält es sich mit den Knoten k_3 und k_4, hier
treffen 4 Bögen aufeinander.
Beginnt man allerdings seine Zeichnung bei k_1 (oder k_2), so wird dieser Knoten nicht der Endknoten sein, da dort 3 Bögen aufeinandertreffen (Man kommt
also vom Knoten "weg", dann wieder "hin" und dann wieder "weg", danach
besteht aber keine Möglichkeit mehr, den Knoten zu erreichen). Einziger
möglicher Endknoten wäre hier k_2 (oder k_1), da alle anderen Knoten, wenn sie
Endknoten sind, auch gleichzeitig Anfangsknoten wären.
Was passiert aber mit k_1 und k_2, wenn man bei k_3, k_4 oder bei k_5 anfängt?
Fängt man die Zeichnung des Hauses bei k_3, k_4 oder k_5 an, so gibt es zwei
Möglichkeiten:

(1) *Man erreicht die Knoten k_1 und k_2 gar nicht* (zum Beispiel wenn man bei
    k_5 beginnt und zunächst die Bögen b_8, b_4, b_7 durchläuft). In diesem Fall
    kann man das "Haus vom Nikolaus" sicher nicht in einem Zug zeichnen.
(2) *Man erreicht k_1 oder k_2.* Beide Knoten müssen jeweils zweimal besucht

werden. Wir gehen o. B. d. A. davon aus, daß k_1 zum zweiten mal besucht wird, bevor k_2 zum zweiten mal besucht wurde. Dann ist die Zeichnung an dieser Stelle beendet, da in k_1 genau 3 Bögen aufeinandertreffen und jeder dieser Bögen genau einmal benutzt wurde (z.b. beim Start bei k_4: b_8, b_7, b_2, b_5, b_3, b_1). k_2 kann also nicht mehr besucht werden.

In beiden Fällen ist es also unmöglich, das "Haus vom Nikolaus" in einem Zug zu zeichnen, wenn man mit k_3, k_4 oder k_5 anfängt.

Es ist also wirklich nur möglich, das "Haus vom Nikolaus" in einem Zug zu zeichnen, wenn man mit k_1 oder k_2 anfängt.

Beispiel 2 Das Problem des Straßeninspektors
Die folgende Abbildung zeigt einen Ausschnitt einer Landkarte, welche die Orte eines Landkreises und die sie verbindenden Straßen enthält.

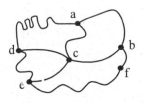

Da es für uns nur darauf ankommt, welche Orte durch Straßen miteinander verbunden sind (ob die Straßen "krumm" oder "gerade" sind, interessiert uns nicht), kann die Straßenkarte durch folgenden Graphen vereinfacht werden.

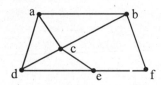

Der Straßeninspektor muß in regelmäßigen Abständen die Straßen des Kreises auf ihren Zustand hin prüfen. Ist es möglich, seine Reise so einzurichten, daß er über jede Straße - dabei ist es egal in welche Richtung - genau einmal fährt? In welcher Stadt muß er seine Reise beginnen?

Auch dieses Beispiel ist den anderen Beispielen sehr ähnlich. Die Orte entsprechen den Knoten und die Straßen den Bögen. Mit ähnlichen Begründungen wie beim "Haus vom Nikolaus" kann man hier feststellen, daß dieses Problem unlösbar ist.

2 Einige grundlegende Definitionen

Bevor wir weiter über das Problem des Straßeninspektors nachdenken, wollen wir einige grundlegende Definitionen bereitstellen. Dazu ist es notwendig, aus den betrachteten Beispielen allgemeine Eigenschaften zu *abstrahieren*.

Dies soll zuerst mit dem Begriff des *Graphen* geschehen. Da wir dabei den Begriff der *Menge* benötigen, soll hier kurz an die entsprechende Definition erinnert werden.

Definition 1 (Menge)
Unter einer *Menge* verstehen wir jede Zusammenfassung von unterscheidbaren Objekten zu einem Ganzen.

Beispiel
Die Menge der Städte im Beispiel "das Problem des Straßeninspektors":
$M = \{a, b, c, d, e, f\}$

Wir haben bereits im vorigen Abschnitt festgestellt, daß es für uns unwichtig ist, wie die Straßen zwischen den Orten verlaufen. Ebenso ist es unwichtig, ob die durch Straßen verbundenen Städte groß oder klein sind ...

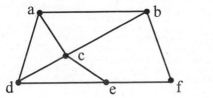 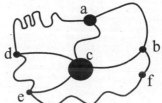

Wichtig ist lediglich, wie viele Städte es gibt, und welche davon durch Straßen verbunden sind. Wir wählen deshalb allgemeinere Bezeichnungen:
Die Karte des Straßennetzes heißt *Graph*. Die Städte werden zu *Knoten*. Die Straßen zwischen den Städten sind Verbindungslinien der *Knoten* und heißen *Bögen*.

Definition 2 (Graph, Schleife)
Ein *Graph* besteht aus einer Knotenmenge $K = \{k_1, k_2, ..., k_n\}$ und einer Bogenmenge $B = \{b_1, b_2, ..., b_m\}$. Jeder Bogen verbindet dabei zwei Knoten miteinander. Die beiden Knoten können auch identisch sein. Man spricht dann von einer *Schleife*.

Da jeder Bogen zwei Knoten miteinander verbindet, schreiben wir bei Bedarf die Bögen wie folgt als Knotenpaare:
$$b_1 = (k_{i1}, k_{j1}), b_2 = (k_{i2}, k_{j2}), ..., b_m = (k_{im}, k_{jm})$$
Dabei gehen wir davon aus, daß *verschieden bezeichnete* Bögen - z. B. b_1 und b_2 - auch dann *verschiedene* Bögen bezeichnen, wenn ihr "Knotenpaar" gleich ist.

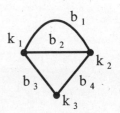

Diese Festlegung trägt der in der Zeichnung dargestellten Situation Rechnung.

Damit ist es *nicht* möglich, die Bogenmenge von vornherein als Menge von Knotenpaaren in der Form

$$B = \{(k_{i1}, k_{j1}), (k_{i2}, k_{j2}), ..., (k_{im}, k_{jm})\}$$

zu schreiben. Nach den Regeln der Mengenlehre werden nämlich "gleiche Objekte" in einer Menge nur einmal gezählt. In unserem Fall würden wir das unerwünschte Ergebnis

$$B = \{(k_1, k_2), (k_1, k_2), (k_1, k_3), (k_2, k_3)\} = \{(k_1, k_2), (k_1, k_3), (k_2, k_3)\}$$

erhalten.

Aus diesem Grunde finden wir in der Literatur in der Regel die folgende Definition für *Graphen*.

Definition 2a (Graph)

Es seien gegeben:

(1) Eine nicht leere Menge sogenannter *Knoten*, $K = \{k_1, ..., k_n\}$
(2) Eine Menge sogenannter *Bögen*, $B = \{b_1, ..., b_m\}$.
    B darf die leere Menge sein. In diesem Fall besteht der Graph nur aus Knoten.
(3) Eine Abbildung
    $f : B \rightarrow \{< k_i; k_j > \mid k_i, k_j \in K, < k_i; k_j >$ seien ein *ungeordnetes Paar* [1]$\}$

Dann heißt das Tripel $\langle K; B; f \rangle$ *(ungerichteter) Graph*.

Wir sehen hier, daß die Funktion f jetzt in formal einwandfreier Weise dafür sorgt, daß mehrere Bögen zum gleichen Knotenpaar gehören. Im oben beschriebenen Fall wäre nämlich:

$$B = \{b_1; b_2; b_3; b_4\} \qquad K = \{k_1; k_2; k_3\}$$

und f ist definiert durch:

$$f(b_1) = f(b_2) = < k_1; k_2 > \qquad f(b_3) = < k_1; k_3 > \qquad f(b_4) = < k_2; k_3 >$$

Einige *Anmerkungen* dazu:

Bei einem Graphen kommt es nicht auf die genaue Lage der Knoten und die Form oder Lage der Bögen an. Entscheidend ist allein, welche Knoten mit welchen verbunden sind. Daher sind die folgenden beiden Graphen gleich:

---

[1] Bei einem *ungeordneten* Paar $< k_i; k_j >$ spielt die Reihenfolge keine Rolle; es gilt demnach für alle i, j: $< k_i; k_j > = < k_j; k_i >$.

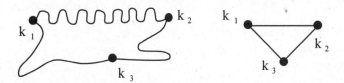

Wir betrachten nur *endliche* Graphen (also Graphen mit endlich vielen Knoten und Bögen). Die Knotenmenge darf nicht leer sein.

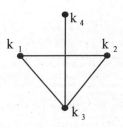

Beim Zeichnen eines Graphen läßt es sich manchmal nicht vermeiden, daß zwei Bögen sich kreuzen. Solche Kreuzungspunkte gelten aber nicht als Knoten.

Graphen ohne solche Kreuzungspunkte heißen *planar*:

Definition 3 (planarer Graph)

Ein Graph heißt *planar*, wenn sich seine Bögen nur in Knoten überkreuzen.

Beispiel

Beim "Haus des Nikolaus" handelt es sich um einen Graphen, der *nicht* planar ist. Die Abbildung zeigt, daß man aus diesem Graphen einen planaren Graphen erzeugen kann, wenn man einen der Bögen umlegt:

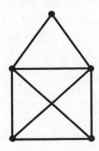 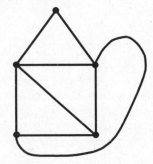

Durch einen planaren Graphen wird die Ebene in *Gebiete* zerlegt.
Wir verzichten auf eine genaue Definition des Begriffs *Gebiet* und geben mit der nebenstehenden Abbildung ein Beispiel.

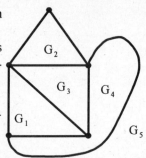

Dabei ist besonders zu beachten, daß *auch außerhalb des Graphen ein Gebiet liegt.*

In einem Graphen können dieselben Knoten durch mehrere Bögen verbunden werden. Es ist auch möglich, daß ein Bogen von einem Knoten zu demselben Knoten zurückführt.

Wir kommen wieder zum Problem des Straßeninspektors zurück.
Die Verbindungslinien zwischen den Städten heißen jetzt *Bögen* und sind durchnumeriert.
Wenn der Straßeninspektor alle Straßen inspiziert, beginnt er vielleicht beim Knoten a und fährt dann wie folgt:

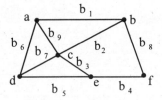

$$b_1 - b_2 - b_9 - b_6 - b_7 - b_3 - b_5 - b_7 - b_2 - b_8 - b_4^2$$
Ein solcher Weg heißt *Bogenfolge.*

Definition 4 (Bogenfolge)
Eine Auflistung von Bögen b_1, b_2, ... aus B heißt *Bogenfolge* genau dann, wenn je zwei aufeinanderfolgende Bögen einen gemeinsamen Knoten haben.
In der Regel schreiben wir die Bögen als Knotenpaare dann so, daß die gemeinsamen Knoten nebeneinander stehen:
$$(k_i, k_j), (k_j, k_m), ..., (k_r, k_s), (k_s, k_t)$$
Wir sagen dann: *Die Bogenfolge führt von k_i nach k_t.*

---

[2] Damit hat er dann alle Straßen besucht, aber noch *nicht* - wie ursprünglich gefordert - das Problem gelöst, bei seiner Inspektion jede Straße genau einmal zu befahren.

Das behandelte Straßennetz hat die Eigenschaft, daß es keine "isolierten" Städte gibt, die mit keiner der anderen Städte durch eine Straße verbunden sind. Derartige Graphen heißen *zusammenhängend*.

Definition 5 (zusammenhängender Graph; Brücke)
a) Ein Graph heißt *zusammenhängend* genau dann, wenn es für zwei beliebige verschiedene Knoten k_i und k_j stets eine von k_i nach k_j führende Bogenfolge gibt.
b) Ein Bogen in einem zusammenhängenden Graphen heißt *Brücke*, wenn durch seine Entfernung der Graph in zwei getrennte Graphen zerfällt.

3 Durchlaufbarkeit von Graphen

3.1 Der Eulersche Satz

Alle bisher behandelten Beispiele kann man auf ein Problem reduzieren:
Wann kann man einen Graphen "in einem Zug" zeichnen? ("In einem Zug" bedeutet dabei: ohne abzusetzen soll jeder Bogen genau einmal gezeichnet werden.)
Für die Lösung unseres obigen Problems ist es sehr nützlich, jedem Knoten eine *Knotenordnung* zuzuordnen.

Definition 6 (Knotenordnung; Ordnung eines Knotens)
Die *Knotenordnung* bzw. *Ordnung eines Knotens* ist die Anzahl der Bögen, die in einem Knoten zusammentreffen. Ist die Ordnung eine gerade Zahl, so handelt es sich um einen *geraden Knoten*; ist die Ordnung eine ungerade Zahl, so handelt es sich um einen *ungeraden Knoten*.
Bögen, die zum selben Knoten "zurückkehren", werden zweimal gezählt.

Beispiel
Welche Ordnungen haben die Knoten des nebenstehenden Graphen?
Im Knoten k_1 treffen 3 Bögen zusammen, also hat k_1 die Ordnung 3. Weiter gilt:
k_2 hat die Ordnung 4, k_3 hat die Ordnung 1, k_4 hat die Ordnung 4.

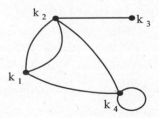

Nun können wir eine erste *Vermutung* aufstellen:
Einen zusammenhängenden planaren Graphen kann man genau dann ohne

Wiederholungen in einem Zug zeichnen, wenn
- alle Knoten gerade Knoten sind (d. h. in allen Knoten trifft eine gerade
  Anzahl von Bögen aufeinander). Als Anfangsknoten kann dann jeder beliebige Knoten gewählt werden, dieser Knoten ist dann auch der Endknoten.
oder
- genau zwei Knoten ungerade Knoten sind. Anfangsknoten ist einer der
  beiden ungeraden Knoten und Endknoten ist der andere ungerade Knoten.

Hiermit können wir viele unserer Fragen beantworten.

Daß man das "Haus vom Nikolaus" in einem Zug zeichnen kann, ist für uns
nichts neues, aber jetzt wissen wir auch, warum dies (mathematisch gesehen)
so ist. Das "Haus vom Nikolaus" hat genau zwei Knoten ungerader Ordnung,
deshalb kann man es in einem Zug zeichnen.

Für das "Haus des Nikolaus" ist dies sicher keine große Erkenntnis, aber
einige andere kompliziertere Probleme kann man jetzt lösen, ohne sehr viel
nachzurechnen oder auszuprobieren. Zweimal das "Haus vom Nikolaus"
nebeneinander kann man nicht in einem Zug zeichnen, da hier vier Knoten
ungerader Ordnung vorhanden sind.

Das Problem des Straßeninspektors ist nicht lösbar, da 4 Knoten von ungerader Ordnung sind.

Leonhard Euler (1709 - 1783) hat sich als erster Mathematiker mit ähnlichen
Problemen befaßt. Bevor wir uns mit dem von ihm gefundenen Satz über die
Durchlaufbarkeit von Graphen "in einem Zug und ohne Wiederholungen"
beschäftigen, geben wir Bogenfolgen, in denen keine Wiederholungen vorkommen, einen eigenen Namen.

**Definition 7 (Bogenzug; Bogenkreis; Eulerscher Bogenzug; Eulerscher
Graph)**

b) Eine Bogenfolge heißt *Bogenzug* genau dann, wenn kein Bogen doppelt
   vorkommt.
   (Bei den Überlegungen zum "Haus des Nikolaus" haben wir schon einige
   Bogenzüge benutzt, zum Beispiel: b_1, b_3, b_5, b_2, b_4, b_8, b_7, b_6). Ein Bogenzug kann auch nur aus einen Teil eines Graphen bestehen (z. B.: b_1, b_3,
   b_4 oder b_4, b_7, b_8).

c) Ein Bogenzug heißt *Bogenkreis* oder *geschlossener Bogenzug*, wenn der
   Anfangs- und der Endknoten zusammenfallen.

c) Falls ein Bogenzug alle Bögen des Graphen enthält, so heißt dieser *Eulerscher Bogenzug*.

d) Wenn zu einem Graph mindestens ein Eulerscher Bogenzug existiert, so heißt der Graph *Eulerscher Graph.*

Wir können unsere obige Vermutung jetzt in einem Satz formulieren.

Satz 1 (Satz von Euler)
G sei ein zusammenhängender Graph. G ist genau dann ein Eulerscher Graph, wenn
(1)   alle Knoten gerader Ordnung sind oder
(2)   genau zwei Knoten ungerader Ordnung sind.

Aufgabe

(1)   Zeichnen Sie für jeden der beiden Fälle ein Beispiel.

Beweis
Der Beweis besteht aus zwei Teilen:

1. Beweisteil   Zeige: Wenn alle Knoten gerade Ordnung haben, oder wenn es genau zwei Knoten ungerader Ordnung gibt, dann ist G ein Eulerscher Graph.

2. Beweisteil   Zeige: Wenn G ein Eulerscher Graph ist, dann haben alle Knoten gerade Ordnung, oder genau zwei Knoten haben ungerade Ordnung.

1. Beweisteil
Der 1. Beweisteil besteht aus zwei Teilen:
(1)   Zeige: Wenn alle Knoten gerade Ordnung haben, dann ist G ein Eulerscher Graph.
(2)   Zeige: Wenn es genau zwei Knoten ungerader Ordnung gibt, dann ist G ein Eulerscher Graph.

Zu (1)
Zum Beweis konstruieren wir einen Bogenzug, bei dem Anfangs- und Endknoten identisch sind. Wir beginnen den Durchlauf des Graphen bei einem beliebigen Knoten k_1. Da alle Knoten eine gerade Ordnung haben, gibt es zu jedem hinführenden Bogen eines Knotens sicher auch einen wegführenden Bogen. Da in k_1 noch wenigstens ein Bogen frei ist, bekommen wir so einen Bogenzug, der in k_1 anfängt und auch in k_1 endet. Wenn durch diesen Bogenzug schon alle Bögen des Graphen erfaßt werden, so ist der Beweis fertig. Wenn nicht alle Bögen erfaßt werden, so bilden die noch nicht durchlaufenen

Bögen einen Restgraphen, der ebenfalls nur Knoten gerader Ordnung hat. Mindestens einer dieser Knoten (diesen Knoten nennen wir k_2) gehört zu dem oben konstruierten Bogenzug (sonst wäre der Graph nicht zusammenhängend). Von diesem Knoten k_2 ausgehend durchlaufen wir den Restgraphen wie oben und bekommen in dem Restgraphen wieder einen Bogenzug, der in k_2 endet. Diese beiden Bogenzüge setzen wir zu einem neuen Bogenzug zusammen. Wir laufen von k_1 auf dem ersten Bogenzug bis zu k_2. Von dort aus laufen wir den ganzen zweiten Bogenzug entlang, bis wir wieder bei k_2 enden. Von dort aus laufen wir auf dem ersten Bogenzug weiter, bis wir wieder bei k_1 ankommen.

Wenn nun alle Bögen des Graphen erfaßt sind, so ist der Beweis fertig. Wenn dies nicht so ist, so verfahren wir mit dem Restgraphen wie oben beschrieben fort: wir suchen einen Knoten k_3, der noch freie Bögen hat, beginnen dort einen neuen Bogenzug, ...

Da der Graph endlich viele Knoten und Bögen enthält, wird dieses Verfahren irgendwann alle Bögen erfaßt haben. Der Bogenzug, den wir dann erhalten haben, ist der gesuchte Eulersche Bogenzug.

Zu (2)
Seien k_1 und k_2 die beiden Knoten ungerader Ordnung. Wir verbinden die beiden Knoten ungerader Ordnung durch einen zusätzlichen Bogen. So entsteht ein Graph, in dem sämtliche Knoten eine gerade Ordnung haben. Der Rest des Beweises geht analog zu 1: wenn man bei k_1 beginnt, geht man zunächst über den "neuen" Bogen zu k_2 und erhält wie vorher gezeigt schließlich einen Bogenzug von k_1 zu k_1. Dann entfernt man den zusätzlichen Bogen und erhält so den gesuchten Bogenzug von k_2 zu k_1.

2. Beweisteil
Wir müssen jetzt zeigen, daß in einem Eulerschen Graphen entweder die Bedingung 1. oder die Bedingung 2. erfüllt ist.

Auch der zweite Beweisteil besteht aus zwei Teilen:
(1)   Zeige: Wenn ein Eulerscher Bogenzug vorliegt, der zugleich Bogenkreis ist, dann haben alle Knoten gerade Ordnung.
(2)   Zeige: Wenn ein Eulerscher Bogenzug vorliegt, der kein Bogenkreis ist, haben genau zwei Knoten ungerade Ordnung.

Zu (1)

Sei also b_1, b_2, ..., b_m ein Eulerscher Bogenzug, der zugleich ein Bogenkreis ist. Sei k_1 o. B. d. A. der Anfangs- und Endknoten des Bogenzuges.

Dann gilt für alle k_i mit $k_i \neq k_1$: wenn ein Bogen im Bogenkreis zu k_i führt, dann muß ein nachfolgender Bogen im Bogenkreis wieder von k_i fortführen. Die Ordnung von k_i muß also gerade sein.

Entsprechend gilt für $k_1 : k_1$ ist "Anfangsknoten" von b_1 und "Endknoten" von b_m.

1. Fall: k_1 kommt in keinem weiteren Bogen außer b_m vor. Dann hat k_1 die Ordnung 2. Für alle anderen Knoten war die Behauptung schon gezeigt.

2. Fall: k_1 kommt in weiteren Bögen vor. Dann sei b_i der erste solche Bogen, der von b_1 und b_m verschieden ist. Dann muß - da ja ein Bogenkreis vorliegt, der bei b_i noch nicht endet - ein nachfolgender Bogen b_{i+1} den Knoten k_1 wieder "verlassen". Damit ist gezeigt, daß die k_1 enthaltenden Knoten immer "paarweise" vorkommen. Folglich hat auch k_1 eine gerade Ordnung.

Zu (2)

Wir müssen jetzt zeigen, daß genau zwei Knoten ungerade Ordnung haben, wenn der Bogenzug kein Bogenkreis ist. Die Überlegungen verlaufen analog. Deshalb überlassen wir sie der Leserin (vgl. Aufgabe 2)

Veranschaulichung einiger Überlegungen des Beweises

Im ersten Teil unseres Beweises haben wir gezeigt:

Wenn alle Knoten eines Graphen gerade Ordnung haben, dann gibt es in dem Graphen wenigstens einen Eulerschen Bogenzug. Dieser ist ein Bogenkreis.

Diesen Teil des Beweises wollen wir an einem *Beispiel* verdeutlichen:

Zunächst bezeichnen wir den Knoten, mit dem wir beginnen wollen, mit k_1.

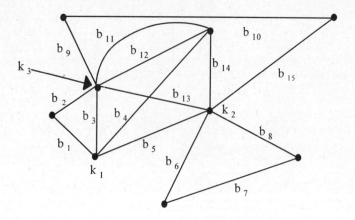

Wir können dann den folgenden Bogenkreis bilden:

$$b_1 - b_2 - b_{12} - b_{14} - b_5$$

Damit sind wir wieder bei k_1 angelangt.

In dieser Bogenfolge gibt es noch Knoten mit freien Bögen. Einen solchen Knoten bezeichnen wir mit k_2.
Von diesem Knoten ausgehend bilden wir den Bogenkreis

$$b_{13} - b_9 - b_{10} - b_{15}$$

Wir fügen diese Bogenfolge zwischen b_{14} und b_5 ein und erhalten:

$$b_1 - b_2 - b_{12} - b_{14} - b_{13} - b_9 - b_{10} - b_{15} - b_5$$

Entsprechend gehen wir jetzt weiter bei k_3:

$$b_{11} - b_4 - b_3$$

Eingefügt zwischen b_{13} und b_9 erhalten wir:

$$b_1 - b_2 - b_{12} - b_{14} - b_{13} - b_{11} - b_4 - b_3 - b_9 - b_{10} - b_{15} - b_5$$

Wir gehen jetzt noch einmal von k_2 aus:

$$b_8 - b_7 - b_6$$

Wir fügen dies zwischen b_{15} und b_5 ein und erhalten:

$$b_1 - b_2 - b_{12} - b_{14} - b_{13} - b_{11} - b_4 - b_3 - b_9 - b_{10} - b_{15} - b_8 - b_7 - b_6 - b_5$$

Damit sind wir fertig.

Aufgabe

(2) G sei ein zusammenhängender Eulerscher Graph.
Zeigen Sie: wenn ein Eulerscher Bogenzug dieses Graphen existiert, bei
dem Anfangs- und Endknoten verschieden sind, dann gibt es im Graphen
genau zwei Knoten mit ungerader Ordnung.

3.2 Wann existiert in einem Graphen wenigstens ein Bogenkreis?

Die Aussage des folgenden Satzes kann man sich leicht klar machen, wenn
man den soeben bewiesenen Satz beachtet. Ebenso ist der Beweis leicht ver-
ständlich, wenn man an den Beweis des Satzes über den Eulerschen Bogenzug
denkt.

Satz 2
G sei ein Graph, in dem alle Knoten eine Ordnung größer oder gleich 2 haben.
Dann gibt es in G mindestens einen Bogenkreis.

Beweis
Wir müssen wie beim Eulerschen Satz einen Bogenzug konstruieren, dessen
Anfangs- und Endknoten identisch sind. Dieser braucht allerdings nicht den
gesamten Graphen zu durchlaufen.
Es genügt im foigenden ferner, nur Graphen ohne Schleifen zu betrachten, da
im Falle einer Schleife der gesuchte Bogenkreis aus dieser Schleife besteht.
Wir beginnen den Durchlauf des Graphen bei einem beliebigen Knoten k_1. Da
alle Knoten eine Ordnung größer oder gleich 2 haben, gibt es zu k_1 wenigstens
einen wegführenden Bogen, der in einem Knoten k_2 endet. Von k_2 aus können
wir entsprechend zu k_3 weitergehen, usw.
Bei diesem Durchlauf des Graphen verringert sich bei jedem *durchlaufenen*
Knoten (also nicht dem Anfangsknoten) jeweils die Zahl der freien Bögen um
2. Wenn beim Durchlauf des Graphen ein Knoten mit einer geraden Anzahl
freier Bögen "angesteuert" wird, kann dieser Knoten demnach stets wieder
"verlassen" werden.

Eine der folgenden Bedingungen muß erfüllt sein, damit ein Knoten beim
Durchlaufen des Graphen stets eine gerade Anzahl freier Bögen hat:
(1) Der Knoten ist der Anfangsknoten des Bogenzugs und hat eine ungerade
Ordnung (mit dem Durchlaufen des ersten Bogens k_1 - k_2 gibt es dann
geradzahlig viele freie Bögen).

18

(2) Der Knoten ist nicht der Anfangsknoten des Bogenzuges und hat gerade Ordnung.

Wenn also ein Bogenzug an einem Knoten "anlangt" und dort nicht mehr fortgesetzt werden kann, muß einer der beiden Fälle vorliegen:

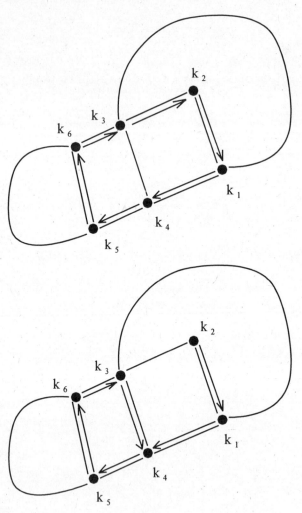

Fall 1: Der Knoten hat gerade Ordnung und ist der Ausgangsknoten.
Fall 2: Der Knoten hat ungerade Ordnung und ist nicht der Ausgangsknoten.

Im ersten Fall ist der gesuchte Bogenkreis bereits konstruiert. Im nebenstehenden Beispiel beginnen wir bei k_2.

Im Fall 2 ergibt sich: Der Endknoten hat ungerade Ordnung. Da er keinen freien Bogen mehr besitzt, muß er in der Bogenfolge bereits früher vorgekommen sein. Dieser Abschnitt der Bogenfolge bildet den gesuchten Bogenkreis. Wir betrachten dazu den Graphen aus Fall 1 als Beispiel:

Die Bogenfolge $k_2 - k_1 - k_4 - k_5 - k_6 - k_3 - k_4$ kann in k_4 nicht mehr fortgesetzt werden. Der gesuchte Bogenkreis ist $k_4 - k_5 - k_6 - k_3 - k_4$.

3.3 Wann enthalten alle Bogenkreise eines Graphen geradzahlig viele Bögen?

Wir lösen dieses Problem Schritt für Schritt.

Schritt 1: *Aufstellen einer Vermutung*
Wir betrachten im folgenden Graphen, bei denen jedes Gebiet von einer geraden Anzahl von Bögen begrenzt wird. Zwei Beispiele mögen genügen.
Wir versuchen, interessante Eigenschaften herauszufinden und zeichnen uns dazu jeweils einen Bogenkreis auf.

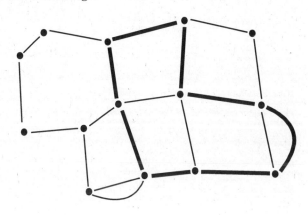

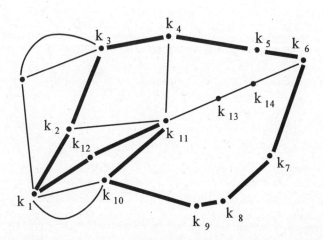

Es wird recht schnell deutlich, daß solche Graphen nicht notwendig Eulersch sein müssen. Es gibt also nicht notwendigerweise einen Bogenkreis, auf dem der ganze Graph durchlaufen werden kann.
Andererseits ist es aber möglich, Bogenkreise zu zeichnen, die einen Teil des Graphen durchlaufen.

Bei der Betrachtung dieser Beispiele gelangen wir zu folgender Vermutung:

Satz 3
G sei ein zusammenhängender Graph. Dann gilt: Wenn sämtliche Gebiete von G von einer geraden Anzahl von Bögen begrenzt werden, dann enthält jeder Bogenkreis eine gerade Anzahl von Bögen.

Schritt 2: *Erster Beweisansatz*

Vorbemerkung
Anfängern wie "Profis" unterlaufen bei der Durchführung von Beweisen immer wieder Fehler oder Auslassungen (natürlich in unterschiedlicher Häufigkeit). Auch dieser erste Beweisansatz enthält eine solche Stelle. Sie ist hier mit einem ● markiert. Vielleicht erkennen Sie selbst, was hier falsch gemacht bzw. übersehen wurde. Andernfalls finden Sie in Schritt 4 weitere Überlegungen dazu.

G sei ein Graph, der die Voraussetzungen des Satzes erfüllt.

$$k_1 - k_2 - k_3 - \ldots - k_n - k_1$$

sei ein Bogenkreis in G. Im Beispiel betrachten wir

$$k_1 - k_2 - k_3 - k_4 - k_5 - k_6 - k_7 - k_8 - k_9 - k_{10} - k_{11} - k_{12} - k_1$$

Im Inneren des Bogenkreises liegt wenigstens ein Gebiet.
Wenn im Inneren genau ein Gebiet liegt, gilt die Behauptung gemäß Voraussetzung.

Wenn im Inneren mehrere Gebiete $g_1, \ldots, g_p$ liegen (vgl. Abbildung), verfahren wir wie folgt:
Wir numerieren die Gebiete (hier: g_1, g_2, g_3, g_4). Wir betrachten jeweils die Anzahl der Bögen, die diese Gebiete umranden. Die Anzahl der Bögen, die g_i umranden, sei b_i. Im Beispiel gilt:

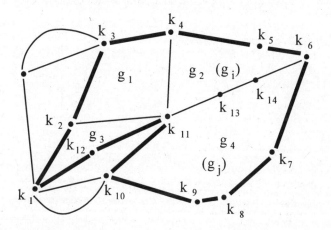

$b_1 = 4, \quad b_2 = 6, \quad b_3 = 4, \quad b_4 = 8$

Dann ist gemäß Voraussetzung die Summe $s_1 = b_1 + \ldots + b_p$ gerade.

● Wir wählen nun zwei Gebiete g_i und g_j aus, die eine aus einem oder mehreren Bögen bestehende gemeinsame Grenze haben. Da beide Gebiete im Inneren des Bogenkreises liegen und sich das *Innere* des Bogenkreises jeweils nur auf *einer* "Seite" eines einzelnen Bogens befinden kann, kann die Grenze keine Bögen aus dem Bogenkreis enthalten.

Im Beispiel wählen wir g_2 und g_4 aus.

Diese gemeinsame Grenze (hier: $k_{11} - k_{13} - k_{14} - k_6$) wird nun entfernt.

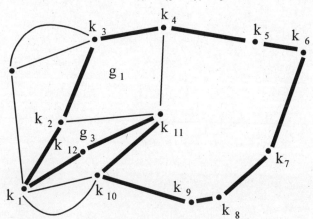

Wenn die Grenze aus m Bögen besteht, ist die neue Summe der Anzahlen aller Bögen, die die verbleibenden Gebiete umrunden:

$$s_2 = b_1 + b_2 + ... + (b_i - m) + ... + (b_j - m) + ... + b_p$$
$$= b_1 + b_2 + ... + b_p - 2m$$
$$= s_1 - 2m$$

s_2 ist also ebenfalls gerade.

Auf diese Weise kann weiter verfahren werden, bis das Innere des Bogenkreises nur noch aus einem Gebiet besteht. Wie wir gesehen haben, wird die Ausgangssumme s_1 bei unserem Verfahren jeweils um geradzahlige Werte verringert. Da die Bögen, die das abschließend entstehende Gebiet umschließen, den Bogenkreis der Ausgangsbehauptung bilden, ist diese damit bewiesen.

Schritt 3: *Überprüfung des Beweisansatzes*
Wenn Sie - was zu empfehlen wäre - beim Lesen des Beweises eigene Skizzen angefertigt haben, sind Sie vielleicht darauf gestoßen, daß bezüglich der Bogenkreise auch andere Situationen möglich sind.

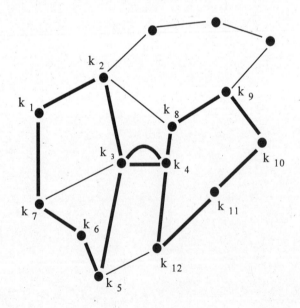

Im obigen Graphen betrachten wir den Bogenkreis

$$k_1 - k_2 - k_3 - k_4 - k_8 - k_9 - k_{10} - k_{11} - k_{12} - k_4 - k_3 - k_5 - k_6 - k_7 - k_1$$

Wir sehen, daß in dieser Situation der Bogenkreis mehrere voneinander getrennte "innere Regionen" hat, die begrenzt werden durch

$$k_1 - k_2 - k_3 - k_5 - k_6 - k_7 - k_1$$
$$k_3 - k_4 - k_3$$
$$k_4 - k_8 - k_9 - k_{10} - k_{11} - k_{12} - k_4$$

In der vorliegenden Situation bleibt die Behauptung des Satzes korrekt. Man sieht dies unmittelbar, weil die drei entstehenden Gebiete keine gemeinsamen Grenzen haben. Der Beweis läßt sich deshalb ohne weiteres auf diese Situation übertragen.

Schritt 4: *Weitere Analyse*
Einmal mißtrauisch geworden, finden wir aber schnell ein weiteres Beispiel, in dem die Beweisführung nicht mehr gültig ist:
Dieser Graph erfüllt die Voraussetzungen. Der Bogenkreis
$$k_1 - k_2 - k_3 - k_4 - k_5 - k_6 - k_3 - k_7 - k_8 - k_4 - k_1$$

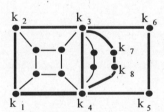

hat insgesamt 3 verschiedene "innere Regionen", die einige gemeinsame Grenzen haben. Die mit ● markierte Argumentation aus Schritt 2 läßt sich so nicht mehr aufrechterhalten und muß differenziert betrachtet werden.

Schritt 5: *Analyse des bisher durchgeführten Beweises*
Um einen besseren Überblick über die Situation zu bekommen, entfernen wir aus dem Graphen aus Schritt 2 sowie aus dem soeben in Schritt 4 vorgestellten Graphen alle Knoten und Bögen, die nicht zum betrachteten Bogenkreis gehören.

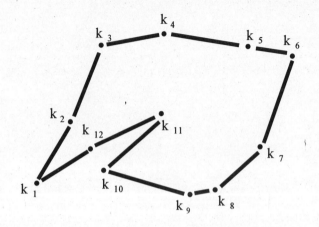

Jetzt wird der Unterschied zwischen dem in Schritt 2 betrachteten Graphen und dem Graphen aus Schritt 4 besonders deutlich:

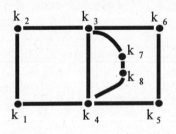

Im ersten Fall besteht der nach der Entfernung "überflüssiger" Knoten und Bögen entstehende Graph aus genau einem Gebiet, im zweiten Fall aus drei Gebieten.

Unsere Überlegungen aus Schritt 2 haben zwar noch nicht den vollständigen Beweis ergeben, können aber als *Hilfssatz* formuliert werden:

Hilfssatz

G sei ein zusammenhängender planarer Graph, in dem jedes Gebiet von einer geraden Zahl von Bögen begrenzt wird.

Sei B ein Bogenkreis, der genau ein Gebiet begrenzt, wenn man alle nicht zum Bogenkreis gehörenden Knoten und Bögen entfernt. Dann enthält B eine gerade Anzahl von Bögen.

Mit diesem Hilfssatz können wir jetzt den Beweis vollständig führen.

Schritt 6: *Der endgültige Beweis*

Es sind zwei Fälle zu betrachten.

Fall 1   Der Bogenkreis umschließt genau ein Gebiet, wenn man die sonstigen Bögen des Graphen ignoriert.
In diesem Fall folgt die Behauptung aus dem Hilfssatz.

Fall 2   Der Bogenkreis umschließt mehrere Gebiete, wenn man die sonstigen Bögen des Graphen außer acht läßt.
In diesem Fall schließen wir wie folgt:

Zunächst wird jedes der betroffenen Gebiete getrennt betrachtet:

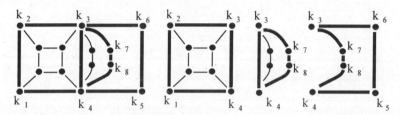

Für jedes einzelne Gebiet sind mit dem jeweiligen "Rest des Graphen" die Voraussetzungen des Hilfssatzes erfüllt. Jedes dieser Gebiete wird also von einer geraden Anzahl von Bögen begrenzt. Also haben die einzelnen "Teil-Bogenkreise" jeweils geradzahlig viele Bögen
Wir betrachten jetzt nur noch den Graphen, der aus den Bögen des Bogenkreises gebildet wird. Dieser Graph erfüllt aufgrund der soeben durchgeführten Überlegungen die Voraussetzungen des Hilfssatzes.

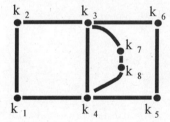

Da wir voraussetzen, daß der Bogenkreis k_1 - ... - k_1 mehr als ein Gebiet umschließt, müssen ein (oder mehrere) Knoten mehrfach vorkommen.
Wir fahren den Bogenkreis entlang, bis dies erstmalig geschieht:

k_1 - ... - k_{i-1} - k_i - ... - k_i - k_j - ... - k_1

Im Bogenkreis k_i - ... - k_i kommt nun kein Knoten - außer k_i - zweimal vor, k_i selbst kommt genau zweimal vor.
In dem von diesem kleineren Bogenkreis eingeschlossenen Gebiet können weitere Gebiete des ursprünglichen Bogenkreises liegen.

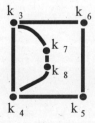

Der Graph, bestehend aus dem Bogenkreis und den ggf. eingeschlossenen Bögen und Knoten erfüllt mit dem Bogenkreis k_i - ... - k_i (hier: k_3 - k_4 - k_5 - k_6 - k_3) die Voraussetzung des Hilfssatzes.

Der Bogenkreis k_i - ... - k_i enthält damit geradzahlig viele Bögen.

Wir entfernen diesen Bogenkreis und erhalten

$$k_1 - ... - k_{i-1} - k_i - k_j - ... - k_l$$

Dies setzen wir solange fort, bis der verbleibende Bogenkreis genau ein Gebiet umgrenzt. Dieser hat dann geradzahlig viele Bögen. Da wir jeweils geradzahlig viele Bögen entfernt haben, hat auch der Ausgangs-Bogenkreis geradzahlig viele Bögen.

3.4 Ein einfaches Färbungsproblem

Die Knoten eines Graphen können gefärbt werden. Auf der folgenden Seite sehen Sie verschiedene Beispiele.

Im ersten Beispiel ist es möglich, die Knoten des Graphen mit zwei Farben so einzufärben, daß benachbarte Knoten stets unterschiedlich gefärbt sind.

Im zweiten Beispiel werden drei Farben benötigt.

Im dritten Beispiel schließlich ist eine Färbung in diesem Sinne nicht möglich, da der Knoten k_1 mit sich selbst benachbart ist.

Beispiel 1

Beispiel 2

Beispiel 3

Um eine "abwechselnde" Färbung der Knoten nicht von vornherein auszuschließen, führen wir den Begriff der *Schlichtheit* ein.

Definition 8 (schlichter Graph)
Ein Graph G heißt *schlicht* genau dann, wenn er keine Schleifen enthält.

Die Graphen in Beispiel 1 und Beispiel 2 sind schlicht, der Graph aus Beispiel 3 nicht.

Färbungen, bei denen benachbarte Knoten stets unterschiedlich gefärbt sind, bezeichnen wir als *zulässig*.

Definition 9 (Knotenfärbbarkeit)
Ein Graph heißt *mit 2 (3,4,...) Farben zulässig knotenfärbbar*, wenn 2 (3,4,...) Farben genügen, um die Knoten des Graphen so einzufärben, daß benachbarte Knoten stets verschiedene Farben haben.

Mit Hilfe der Ergebnisse des vorigen Abschnitts können wir ein einfaches Kriterium dafür angeben, wann Graphen mit 2 Farben zulässig färbbar sind:

Satz 4
G sei ein zusammenhängender planarer schlichter Graph. Dann gilt: Wenn sämtliche Gebiete von G von einer geraden Anzahl von Bögen begrenzt werden, ist der Graph mit 2 Farben zulässig knotenfärbbar.[3]

Aufgabe

(3)   Zeichnen Sie einen Graphen, der die Voraussetzung des Satzes erfüllt. Färben Sie seine Knoten.

Beweis
Schritt 1: *Erster Beweisansatz*
Die folgenden Überlegungen enthalten alle entscheidenden Ideen des Beweises. Trotzdem ist der Beweis lückenhaft.
Verfolgen Sie also die Überlegungen aufmerksam. Überlegen Sie, an welcher Stelle "voreilig" argumentiert wird.
Die Analyse von Schritt 2 wird dann die notwendigen Verfeinerungen nachtragen.

---

[3]   Auf die Forderung der *Schlichtheit* könnte auch verzichtet werden. Sie folgt aus der weiteren Voraussetzung, daß alle Gebiete von einer geraden Anzahl von Bögen begrenzt werden.

Wir wählen einen Knoten aus - k_a -, den wir schwarz einfärben. Wir wollen zeigen, daß sich mit diesem Beginn eine eindeutige und korrekte Färbung der Knoten des Graphen ergibt. Dazu wählen wir einen Zielknoten k_z aus. Wir wählen eine Bogenfolge von k_a nach k_z (hier z.B. k_a - k_2 - k_3 - k_z) und färben

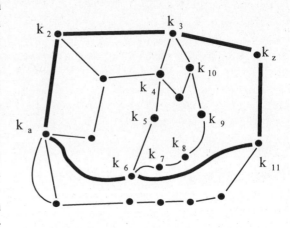

längs dieser Bogenfolge die Knoten abwechselnd schwarz und weiß.

Ist die Zahl der Bögen gerade, so ist k_z schwarz.
Ist die Zahl der Bögen ungerade, so ist k_z weiß.

Es ist zu zeigen, daß jede andere von k_a nach k_z führende Bogenfolge dieselbe Färbung von k_z ergibt. Sei also eine solche Bogenfolge (hier z.B. k_a - k_6 - k_{11} - k_z) gegeben, die wir der Unterscheidung halber mit k'_a - ... - k'_z bezeichnen.

Dann ist k_a - ... - k_z - k'_z - ... - k'_a ein Bogenkreis (beachten Sie, daß k_z und k'_z sowie k_a und k'_a zusammenfallen). Gemäß Satz 3 enthält dieser Bogenkreis geradzahlig viele Bögen.
Wenn k_a - ... - k_z geradzahlig viele Bögen enthält, ist k_z schwarz. k'_z - ... - k'_a enthält dann auch geradzahlig viele Bögen.
Also ist $k'_a = k_a$ wieder schwarz.
Wenn k_a - ... - k_z ungeradzahlig viele Bögen enthält, ist k_z weiß. Die Folge k_z - ... - k'_a enthält dann auch ungeradzahlig viele Bögen.
Also ist $k'_a = k_a$ wieder schwarz.

Schritt 2: *Analyse der Überlegungen*

Problem 1: Färbungswege
In unserem Beweis betrachten wir die Bogenfolge k_a - ... - k_z. Wir beginnen mit dem schwarz eingefärbten Knoten k_a und enden bei k_z.
Wir gehen dabei intuitiv davon aus, daß kein Knoten zweimal "besucht" wird.

Das ist jedoch nicht selbstverständlich, wie die Knotenfolge

$k_a - k_2 - k_3 - k_4 - k_5 - k_6 - k_7 - k_8 - k_9 - k_{10} - k_3 - k_z$

zeigt. Im vorliegenden Beispiel ist es selbstverständlich, daß k_3 beim ersten und zweiten "Besuch" gleich (hier: schwarz) eingefärbt werden.

Im allgemeinen Fall müssen wir zeigen, daß derartige Schleifen in der Abfolge der Knoten *immer* beim ersten und zweiten "Besuch" des Knotens den Knoten gleich färben.

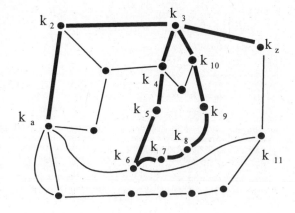

Wir gehen hier wie in *Schritt 6* des Beweises von Satz 3 vor. Wenn in der Abfolge

$k_a - \dots - k_z$ ein Knoten

k_i mehrfach vorkommt, fahren wir den Bogenkreis entlang, bis dies erstmalig geschieht

$k_a - \dots - k_{i-1} - k_i - \dots - k_i - k_j - \dots - k_z$

Im Bogenkreis

$k_i - \dots - k_i$

kommt nun kein Knoten - außer k_i - zweimal vor, k_i selbst kommt genau zweimal vor.

Damit erfüllt nun $k_i - \dots - k_i$ die Voraussetzung des Hilfssatzes aus Abschnitt 3.2 und enthält deshalb geradzahlig viele Bögen. Daraus folgt unmittelbar, daß k_i beim ersten und das zweiten Vorkommen gleich eingefärbt wird.

Problem 2: Doppelt vorkommende Bögen

Da wir uns für die Färbung der Knoten interessieren, haben wir uns bisher vornehmlich für die Abfolge der Knoten interessiert.

Dabei wurde übersehen, daß bei einer derartigen Knotenfolge ein oder mehrere Bögen auch mehrfach vorkommen könnten. Die Abbildung der folgenden Seite zeigt mit $k_a - k_2 - k_3 - k_4 - k_3 - k_z$ ein einfaches Beispiel. Die Abfolge der Bögen stellt damit keinen Bogenzug dar, der "Rückweg" von k_z nach k_a ergibt keinen Bogenkreis. Damit hätten wir Satz 3 nicht benutzen dürfen, da die Voraussetzungen dieses Satzes nicht erfüllt sind.

Wir können dieses Problem aber "entschärfen", indem wir vom gegebenen Graphen zu einem neuen Graphen übergehen, in dem in entsprechender Anzahl neue Bögen eingezeichnet sind. (Im Beispiel ist ein weiterer Bogen von k_3 nach k_4 zu zeichnen). Auch der neue Graph erfüllt

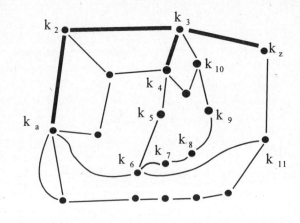

die Voraussetzung unseres zu beweisenden Satzes, daß jedes Gebiet von einer geraden Anzahl von Bögen begrenzt wird.

Problem 3: Schleifen im Bogenkreis

Es kann vorkommen, daß beim Rückweg von k_z nach k_a erneut ein Knoten besucht wird, der bereits beim Weg von k_a nach k_z besucht wurde. Wie bei Problem 1 ist sicherzustellen, daß hier beim ersten und zweiten "Besuch" keine unterschiedlichen Färbungen erforderlich werden.

Da es sich beim Weg vom ersten Besuch des Knotens zum zweiten Besuch um einen Bogenkreis handelt, führt eine erneute Anwendung von Satz 3 zum Ziel.

Aufgabe

(4) a) Zeigen Sie, daß die folgende Aussage falsch ist:
G sei ein zusammenhängender planarer Graph, in dem jedes Gebiet von einer ungeraden Zahl von Bögen begrenzt wird.
Sei B ein Bogenkreis, der genau ein Gebiet einschließt, wenn man alle nicht zum Bogenkreis gehörenden Knoten und Bögen entfernt. Dann enthält B eine ungerade Anzahl von Bögen.

b) Die Aussage aus a) läßt sich zu einer wahren Aussage machen. Dazu muß man eine Voraussetzung über die Anzahl der Gebiete machen, die der Bogenkreis umschließt. Vervollständigen Sie den Satz in entsprechender Weise und beweisen Sie ihn.

4 Die Eulersche Formel

In den vorangegangenen Abschnitten haben wir die Begriffe *Knoten*, *Bogen* und *Gebiet* häufig benutzt. In diesem Abschnitt wollen wir zeigen, daß bei zusammenhängenden planaren Graphen ein einfacher Zusammenhang zwischen den Anzahlen von Knoten, Bögen und Gebieten besteht.
Wir betrachten einige ganz einfache Graphen und versuchen, den Zusammenhang zwischen der Anzahl der Knoten, Bögen und Gebiete herauszufinden.

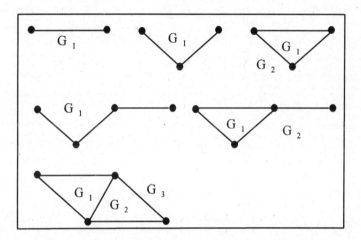

In folgender Tabelle ist die Anzahl der Knoten, Bögen und Gebiete eingetragen:

Knoten	Bögen	Gebiete
2	1	1
3	2	1
3	3	2
4	3	1
4	4	2
4	5	3

Man kann erkennen, daß die Summe aus der Anzahl der Knoten und der Anzahl der Gebiete nicht viel größer ist als die Anzahl der Bögen.

Knoten + Gebiete	3	4	5	5	6	7
Bögen	1	2	3	3	4	5

Wie man jetzt leicht sieht, ist die Summe aus der Anzahl der Knoten und Gebiete genau um 2 größer als die Anzahl der Bögen.
Euler hat herausgefunden, daß dies nicht nur für diese Beispiele, sondern für alle planaren Eulerschen Graphen gilt.

Satz 5   (Eulerscher Satz)
Für jeden planaren zusammenhängenden Graphen mit k Knoten, b Bögen und g Gebieten gilt **k - b + g = 2**.

Beweis:
Zum Beweis zeichnen wir zunächst einen planaren Graphen als Anschauungshilfe. Dieser Beispiels-Graph hat 6 Knoten, 8 Bögen und 4 Gebiete. Der Eulersche Satz gilt hier also, denn
6 - 8 + 4 = 2.

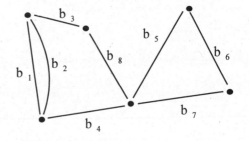

Wir stellen den Beweisgang an diesem Beispiel dar.

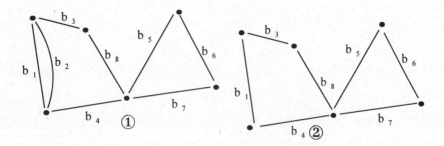

Beim Ausgangsgraphen G_1 entfernt man den Bogen b_2. Damit entfällt zugleich ein Gebiet. Für den Restgraphen G_2 gilt:

$$6 - 8 + 4 = 6 - (8 - 1) + (4 - 1) = 6 - 7 + 3$$

Die Rechnung *Knotenzahl - Bogenzahl + Anzahl der Gebiete* führt also bei beiden Graphen zum gleichen Ergebnis.

Wir verfahren jetzt entsprechend weiter. Die Gültigkeit der Gleichung überträgt sich vom Graphen auf den jeweils folgenden Graphen, auch wenn anstelle eines Bogens ein Knoten entfernt wird.

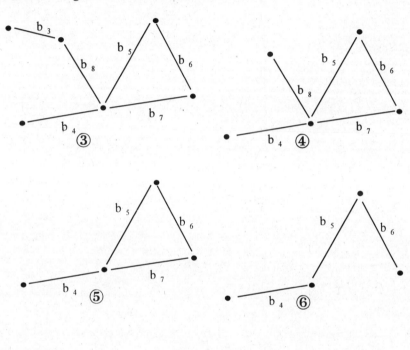

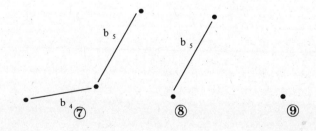

Wir fassen das Ergebnis in einer Tabelle zusammen:

Nr. des Graphen	Anzahl Knoten	Anzahl Gebiete	Anzahl Bögen	entfernter Bogen	k - b + g
1	6	4	8	-	2
2	6	3	7	b_2	2
3	6	2	6	b_1	2
4	5	2	5	b_3	2
5	4	2	4	b_8	2
6	4	1	3	b_7	2
7	3	1	2	b_6	2
8	2	1	1	b_4	2
9	1	1	0	b_5	2

Ausgehend von diesem Beispiel führen wir jetzt den Beweis allgemein. G_1 sei ein beliebiger planarer zusammenhängender Graph.

In diesem Graph entfernen wir einen Bogen. Dieser Bogen darf allerdings keine Brücke sein, da der Graph dann in zwei Teile zerfallen würde und damit nicht mehr zusammenhängend wäre.[4] Trotzdem haben wir für diesen Bogen noch zwei Möglichkeiten:

(1) Der Bogen liegt zwischen zwei benachbarten Gebieten.
     Durch die Entfernung eines solchen Bogens wird aus den beiden Ge-
     bieten *ein* Gebiet. Durch diese Entfernung verringert sich also die Zahl
     der Gebiete und die Zahl der Bögen um 1. Als Restgraphen G_2 erhalten
     wir wieder einen planaren Graphen.
(2) Der Bogen liegt *nicht* zwischen zwei benachbarten Gebieten
     Durch die Entfernung eines Bogens, der nicht zwischen zwei benachbar-
     ten Gebieten liegt, ändert sich die Anzahl der Gebiete nicht, die Anzahl
     der Knoten vermindert sich jedoch um 1.
Wir nennen die Anzahlen von Knoten, Bögen und Gebieten im Restgraph k_2,

---

[4] Wir verzichten hier auf den Nachweis, daß man stets so vorgehen kann, daß der
     Zusammenhang erhalten bleibt.

b_2 bzw. g_2. In beiden Fällen gilt für G_1 und G_2 derselbe rechnerische Zusammenhang zwischen den Anzahlen von Knoten, Bögen und Gebieten.

Wird die Anzahl der Bögen und Gebiete jeweils um eins erniedrigt, so erhält man nämlich im ersten Fall:

$$k_2 - b_2 + g_2 = k - (b - 1) + (g - 1) = k - b + 1 + g - 1 = k - b + g$$

Im zweiten Fall ergibt sich:

$$k_2 - b_2 + g_2 = (k - 1) - (b - 1) + g = k - 1 - b + 1 + g = k - b + g$$

Wenn G_2 nicht nur noch aus einem einzelnen Knoten besteht, wiederholen wir dieses Verfahren und erhalten einen neuen Restgraphen G_3. Mit denselben Überlegungen gilt nun in den beiden möglichen Fällen:

$$k_3 - b_3 + g_3 = k_2 - (b_2 - 1) + (g_2 - 1) = k_2 - b_2 + 1 + g_2 - 1$$
$$= k_2 - b_2 + g_2 = k - b + g$$
$$k_3 - b_3 + g_3 = (k_2 - 1) - (b_2 - 1) + g_2 = k_2 - 1 - b_2 + 1 + g_2$$
$$= k_2 - b_2 + g_2 = k - b + g$$

Wir sehen:
Die Differenz *Knotenzahl - Bogenzahl + Zahl der Gebiete* bleibt bei diesen Operationen stets unverändert.

Dieses Verfahren wiederholen wir so oft, bis wir einen Restgraphen G_N erhalten, der nur noch aus einem einzelnen Knoten besteht. Dieser Graph enthält nur noch ein Gebiet und keinen Bogen. Wir erhalten:

$$k_N - b_N + g_N = 1 - 0 + 1 = 2$$

Insgesamt gilt:

$$2 = k_N - b_N + g_N = \ldots = k_3 - b_3 + g_3 = k_2 - b_2 + g_2 = k - b + g$$

Damit ist die Behauptung bewiesen.

Aufgaben

(5) Gegeben sei der folgende Graph:
Vollziehen Sie den Beweis des Eulerschen Satzes nach, indem Sie Schritt für Bögen entfernen.

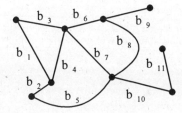

Gehen Sie dabei wie im vorgestellten Beispiel vor.

(6) Seestadt ist auf 7 Inseln erbaut. Nachdem ein Sturm die alten Deiche mit ihren Fahrstraßen zerstört hat, beschließen die Bewohner, ein neues Deichsystem anzulegen (jeder Deich soll jeweils zwei Inseln verbinden, auf den Deichen befindet sich jeweils eine Fahrstraße). Selbstverständlich soll man von jeder Insel auf jede andere Insel fahren können. Dabei würde es die Bewohner allerdings nicht stören, eventuell unterwegs eine oder mehrere andere Inseln zu besuchen. Zwischen zwei Inseln darf jeweils höchstens ein Deich gebaut werden.

Alle Gebiete, die durch ein System von Deichen eingeschlossen sind, werden zur Meersalzgewinnung benutzt.

Überlegen Sie, welche der folgenden Anlagen möglich sind, und welche nicht. Wenn die Anlage nicht möglich ist, begründen Sie Ihre Entscheidung. Wenn sie möglich ist, zeichnen Sie ein passendes Inselsystem mit den zugehörigen Deichen.

a) 6 Deiche, keine Meersalzgewinnungsanlage
b) 6 Deiche, eine Meersalzgewinnungsanlage
c) 10 Deiche, 4 Meersalzgewinnungsanlagen
d) 12 Deiche, 8 Meersalzgewinnungsanlagen

(7) Ein Graph heiße *zweigeteilt,* wenn

(1) seine Knotenmenge K und seine Bogenmenge B jeweils aus zwei disjunkten Teilmengen besteht

(d. h. $K = K_1 \cup K_2$ mit $K_1 \cap K_2 = \emptyset$ und $B = B_1 \cup B_2$ mit $B_1 \cap B_2 = \emptyset$)

und wenn weiter die folgenden beiden Bedingungen erfüllt sind:

(2) Die beiden Teilgraphen mit den Knoten- und Bogenmengen B_1 und K_1 bzw. B_2 und K_2 sind jeweils zusammenhängend.

(3) Es gibt keinen Bogenzug, der bei einem Knoten aus K_1 beginnt und in einem Knoten aus K_2 endet.

a) Zeichnen Sie ein Beispiel für einen zweigeteilten Graphen.
b) Zeigen Sie, daß in zweigeteilten planaren Graphen die Formel
   $k - b + g = 3$ gilt.

5 Plättbarkeit von Graphen

5.1 Das Problem

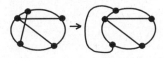 Wir hatten schon gesehen, daß es sich beim Zeichnen eines Graphen manchmal nicht vermeiden läßt, daß sich zwei Bögen außerhalb von Knoten kreuzen. Hierbei kann man zwei Fälle unterscheiden:

(1) Es gibt in einem Graphen Bögen, die sich außerhalb von Knoten überkreuzen. Man könnte jedoch durch "Umlegen" einzelner Bögen, den Graphen so "verformen", daß sich außerhalb von Knoten keine Bögen mehr kreuzen.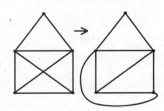

(2) Es gibt in einem Graphen Bögen, die sich außerhalb von Knoten kreuzen, die man allerdings nicht so "umlegen" kann, daß sie sich nicht mehr außerhalb von Knoten kreuzen.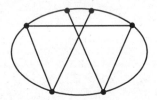

Wir betrachten weitere Beispiele:

Beispiel 1

 Im nebenstehenden Graphen brauchen wir uns die Bögen nur als "Gummibänder" vorzustellen, um eine passende Umlegung zu finden.

Beispiel 2
Auch im nebenstehenden Fall hilft die Vorstellung der Gummibänder weiter.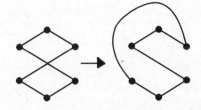

38

Beispiel 3

 Bei dem linken Graphen haben wir dagegen Probleme: Und wenn wir noch so sehr versuchen, die Linien umzulegen, das Beste, was wir erhalten, sieht in der Regel wie rechts aus.

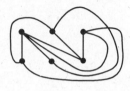

Beispiel 4

Wir wissen damit allerdings noch nicht, ob man nicht durch andere und geschicktere Maßnahmen doch sein Ziel erreichen kann:

Im linken Graphen ist es nicht möglich, die Bögen von C nach F bzw. von A nach D so umzulegen, daß ein planarer Graph ent-

 steht. Trotzdem kann man einen Graphen finden, der ohne Überschneidungen auskommt und zu dem vorgegebenen "gleichwertig" ist. Dazu brauchen wir uns lediglich vorzustellen, daß D und F vertauscht werden, und dabei alle "Gummibänder" mitgeführt werden. Damit ergibt sich der rechte Graph.

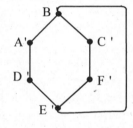

Die Graphen, bei denen man die Bögen so umlegen kann, daß ein planarer Graph entsteht, nennen wir *plättbar*.

Bevor wir weiter analysieren, welche Graphen plättbar und welche nicht sind, sollten wir den Begriff der Plättbarkeit noch etwas genauer fassen. Was bedeutet es, daß "*man die Bögen so umlegen kann*, daß ein planarer Graph entsteht"? Was bedeutet im Beispiel 4, daß ein *gleichwertiger* Graph entsteht?

Wir wollen im folgenden die Begriffe zusammenstellen, die für unsere weiteren Überlegungen benötigt werden.

5.2 Begriffsbildungen

Für die Charakterisierung der "Gleichwertigkeit" hilft uns der Begriff der bijektiven Abbildung weiter.

Definition 10 (isomorphe Graphen; äquivalente Graphen)

Gegeben seien zwei Graphen G und G'.

G habe die Knotenmenge $K = \{k_1, k_2, ..., k_n\}$ und die Bogenmenge

$B = \{b_1, b_2, ..., b_m\}$. Dabei sei

$b_1 = (k_{i1}, k_{j1})$, $b_2 = (k_{i2}, k_{j2})$, ..., $b_m = (k_{im}, k_{jm})$.

G' habe die Knotenmenge $K' = \{k'_1, k'_2, ..., k'_p\}$ und die Bogenmenge

$B' = \{b'_1, b'_2, ..., b'_q\}$. Dabei sei

$b'_1 = (k'_{i1}, k'_{j1})$, $b'_2 = (k'_{i2}, k'_{j2})$, ..., $b'_q = (k'_{iq}, k'_{jq})$.

G und G' heißen *isomorph* oder *äquivalent*, wenn es eine bijektive Abbildung

$$g: K \cup B \to K' \cup B'$$

gibt derart, daß g jeweils bijektiv Knoten auf Knoten und Bögen auf Bögen abbildet. (Damit müssen n und p sowie m und q übereinstimmen).

Bei dieser Abbildung muß zusätzlich gelten: wenn ein Bogen b_s durch die Knoten k_{is} und k_{js} bestimmt ist, dann wird das Bild des Bogens durch die Bilder der Knoten begrenzt. Das bedeutet:

$$g[(k_{is}, k_{js})] = (g(k_{is}), g(k_{js}))$$

Ohne daß wir dies beweisen, wollen wir den folgenden wichtigen Sachverhalt festhalten:

Wenn zwei Graphen isomorph zueinander sind, ist es stets möglich, den ersten Graphen in den zweiten ausschließlich mit Hilfe der Operationen

– Umlegen und

– Vertauschen

zu überführen.

Beispiel 1

Das Haus vom Nikolaus hatten wir bereits "äquivalent umgelegt".

Hier sehen wir, daß im Sinne unserer Definition die geforderte bijektive Abbildung die Identität ist: in formaler Hinsicht gibt es keinen Unterschied zwischen den Bögen (A, C) in den beiden Bildern.

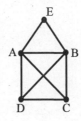
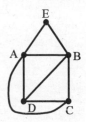

Beispiel 2

Nicht immer kann die bijektive Abbildung so einfach gefunden werden. Im nebenstehenden Beispiel haben wir die Abbildung wie folgt zu definieren:

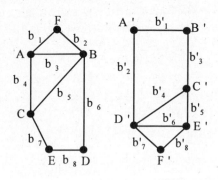

$A \rightarrow E'$ $b_1 \rightarrow b'_8$

$B \rightarrow D'$ $b_2 \rightarrow b'_7$

$C \rightarrow C'$ $b_3 \rightarrow b'_6$

$D \rightarrow A'$ $b_4 \rightarrow b'_5$

$E \rightarrow B'$ $b_5 \rightarrow b'_4$

$F \rightarrow F'$ $b_6 \rightarrow b'_2$

        $b_7 \rightarrow b'_3$

        $b_8 \rightarrow b'_1$

Beispiel 3

Bei den nebenstehenden beiden Graphen suchen wir vergeblich nach einer bijektiven Abbildung, die den ersten in den zweiten Graphen überführt.

Bei näherer Betrachtung stellen wir fest, daß der linke Graph einen Knoten der Ordnung 2 besitzt, der rechte Graph jedoch nicht. Damit ist ausgeschlossen, daß die beiden Graphen äquivalent sind. Es gilt nämlich der unmittelbar einsichtige Satz:

Satz 6

Sind zwei Graphen G und G' äquivalent mit der zugehörigen bijektiven Abbildung g, so gilt:
Wenn ein Knoten k_i von G die Ordnung n hat, so hat auch das Bild $g(k_i)$ in G' die Ordnung n.

Definition 11 (Plättbarkeit)

Ein Graph heißt *plättbar*, wenn es einen zu ihm isomorphen planaren Graphen gibt.

Wir haben in Beispiel 3 des vorigen Abschnitts einen Graphen vorgestellt. bei dem wir nicht unmittelbar in der Lage waren, einen isomorphen planaren Graphen zu finden. Dieser Graph ist ein Beispiel für sogenannte *Versorgungsgraphen*.
Der Begriff *Versorgungsgraph* stammt aus der folgenden Einkleidung, die wir

für den Fall des Graphen $V_{2,4}$ vorstellen:
Die Knoten k_1 und k_2 seien
das Wasserwerk und das
Elektrizitätswerk. Die Knoten
k_3, k_4, k_5, k_6 seien die Häuser der Familien Albers, Mai-
er, Mayer und Müller. Natürlich soll von jedem der beiden
Versorgungsunternehmen
eine Leitung zu jedem der
vier Häuser gelegt werden.

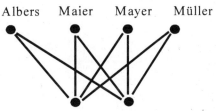

Die Häuser sind aber unter-
einander nicht mit Leitungen verbunden; dasselbe wird auch für die beiden
Versorgungsunternehmen angenommen.

Allgemein definieren wir:

Definition 12 (Versorgungsgraph)
Ein Graph mit der Bogenmenge B und der Knotenmenge K heißt *Versorgungsgraph* $V_{i,j}$ genau dann wenn gilt:
Die Knotenmenge kann wie folgt geschrieben werden:
$$K = \{k_1; ...; k_i; k_{i+1}; ...; k_{i+j}\}$$
Wir bilden die Untermengen $K_1 = \{k_1; ...; k_i\}$ und $K_2 = \{k_{i+1}; ...; k_{i+j}\}$. Für
diese Menge muß dann gelten:
(1) Es gibt keinen Bogen, der von einem Knoten aus K_1 zu einem anderen
Knoten aus K_1 führt.
(2) Es gibt keinen Bogen, der von einem Knoten aus K_2 zu einem anderen
Knoten aus K_2 führt.
(3) Von jedem Knoten aus K_1 führt genau ein Bogen zu jedem Knoten aus
K_2.

Neben den Versorgungsgraphen ist für die folgenden Überlegungen ein weiterer Typ von Graphen von Bedeutung:

Definition 13 (vollständiger Graph)

Ein Graph mit Knotenmenge $K = \{k_1, k_2, ..., k_n\}$
heißt *vollständiger Graph mit n Knoten*, kurz V_n, wenn
von jedem Knoten des Graphen zu jedem anderen Knoten
genau ein Bogen führt.

5.3 Der Satz von Kuratowski

Es ist offensichtlich, daß bei isomorphen planaren Graphen die Anzahlen von Knoten und Bögen übereinstimmen. Wegen der Eulerschen Formel muß deshalb bei isomorphen planaren zusammenhängenden Graphen auch die Anzahl der Gebiete übereinstimmen. Diese Einsicht hilft uns beim Beweis des folgenden Satzes:

Satz 7
Die Graphen V_5 und $V_{3,3}$

sind nicht plättbar.

Wir führen den Beweis nur für den Graph V_5. Dabei stellen wir zwei verschiedene Beweise vor.

1. Beweis
Der Beweis wird indirekt geführt. Wir überlegen uns, was der Fall wäre, wenn der Graph im Gegensatz zur Behauptung plättbar wäre.
Annahme: Der Graph V_5 ist plättbar. Es gebe also einen planaren Graphen G, der zu unserem Graph isomorph ist. Dann muß dieser Graph so wie der vorgegebene Graph zusammenhängend sein, und es gilt die Eulersche Formel
$$k - b + g = 2.$$
Dabei ist $k = 5$ und $b = 10$. Daraus ergibt sich, daß $g = 7$ sein muß.
Ein Gebiet wird stets von einem Bogenkreis begrenzt. In unserem Graphen haben alle Bogenkreise mindestens drei Bögen. Damit hat jedes Gebiet mindestens drei Grenzen zu benachbarten Gebieten. Insgesamt kommen wir also auf mindestens 21 Grenzen.
Andererseits kann jeder Bogen nur höchstens für je zwei Gebiete als Grenze dienen. Damit ergibt sich ein Maximum von 20 Grenzen zwischen den Gebieten des Graphen.
Insgesamt ergibt sich damit ein Widerspruch, so daß die Annahme falsch gewesen sein muß.

2. Beweis

Der Graph V_5 enthält den vollständigen Graphen V_4 mit 4 Knoten. Man kann sich leicht überlegen, daß alle vollständigen Graphen mit 4,5,... Knoten jeweils zueinander isomorph sind. Wir nehmen uns deshalb einen möglichst einfachen vollständigen Graphen mit 4 Knoten. Dieser Graph besitzt die Gebiete G_1 bis G_4.

Wenn V_5 plättbar wäre, müßte V_5 aus dem Graphen V_4 dadurch gewonnen werden können, daß man den fünften Knoten an "passender Stelle" einträgt. Man sieht aber unmittelbar, daß man den fünften Knoten in keinem der Gebiete so plazieren kann, daß er kreuzungsfrei mit den anderen 4 Knoten verbunden werden kann.

Der soeben bewiesene Satz geht in den folgenden allgemeineren Satz ein, der auf den Mathematiker *Kuratowski* zurückgeht:

Satz 8 (Satz von Kuratowski)

Ein Graph ist genau dann nicht plättbar, wenn er eine Unterteilung des Graphen V_5 oder eine Unterteilung des Graphen $V_{3,3}$ besitzt. Dabei bedeutet "Unterteilung", daß auf den Bögen der oben betrachteten Graphen auch weitere Knoten liegen dürfen:

Beweis

Die eine Richtung des Satzes ergibt sich aus Satz 7. Bezüglich der anderen Richtung verzichten wir auf einen Beweis und verweisen auf Berge [1].

Aufgaben

(8) Formen Sie - wenn möglich - die Graphen Schritt für Schritt um, bis ein äquivalenter planarer Graph entsteht. Erlaubt sind die folgenden Umformungen:

(1) Tausch zweier Knoten. Dabei sind alle betroffenen Bögen und ebenso die davon betroffenen Knoten "mitzuführen".

(2) Umlegen eines Bogens.

(3) Verlegen eines Knotens. Dabei Mitführung aller betroffenen Bögen und Knoten wie unter 1.

44

Wenn ein Graph keinen äquivalenten planaren Graphen besitzt, ist zu zeigen, daß der Graph den Versorgungsgraphen $V_{3,3}$ enthält. Dazu tragen Sie ein, wo sich in diesem Sinne Wasser-, Elektrizitäts- und Gaswerk und wo die Wohnhäuser befinden. "Überflüssige" Versorgungsleitungen fallen bei der Argumentation nicht in's Gewicht!

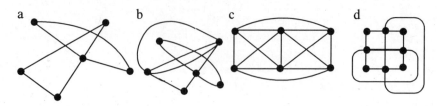

(9) Beim Beweis von Satz 7 wurde auf zwei verschiedenen Wegen gezeigt, daß der Graph V_5 nicht plättbar ist. Gehen Sie für den Versorgungsgraphen $V_{3,3}$ entsprechend vor:

a) Zeigen Sie mit Hilfe der Eulerschen Formel, daß der Graph nicht plättbar ist. Überlegen Sie dazu, wie viele Bögen in diesem Graph ein Bogenkreis mindestens hat.

b) Gehen sie vom (plättbaren) Graphen $V_{3,2}$ aus und zeigen Sie, daß der Graph nicht zu einem planaren $V_{3,3}$ erweitert werden kann.

(10) Entscheiden Sie jeweils, ob die beiden Graphen äquivalent sind. Wenn ja, beschriften Sie die Knoten des zweiten Graphen entsprechend. Wenn nein, begründen Sie Ihr Ergebnis knapp.

a)

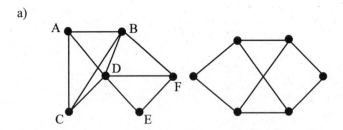

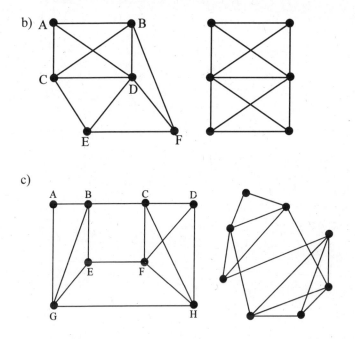

b)

c)

(11) In den folgenden beiden Aufgaben ist jeweils ein Graph gegeben. Ferner ist von einem zweiten Graph jeweils nur die Position der Knoten gegeben. Ergänzen Sie den Graphen so, daß er zum gegebenen Graphen äquivalent wird.

a)

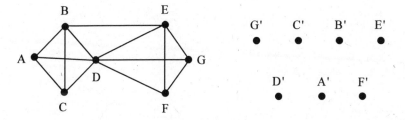

b)

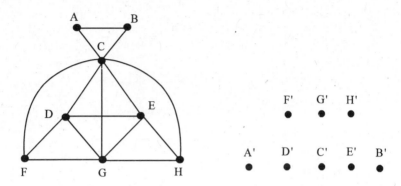

6 Ausgewählte Probleme

6.1 Die Anzahl der Bögen in einem vollständigen Graphen

Wir wollen untersuchen, wie viele Bögen ein vollständiger Graph mit n Knoten hat.

Schritt 1: *Wir betrachten Beispiele*
Wir zeichnen die vollständigen Graphen mit 2, 3, 4, 5 Knoten, zählen die Bögen und legen eine Tabelle an:

Knoten	Bögen
2	1
3	3
4	6
5	10

So nützlich dies oft ist: hier kommen wir auf diesem Weg zunächst noch zu keinem Ergebnis.

Schritt 2: *Genauere Analyse*
Wir analysieren die Tabelle genauer: wie sind die Übergänge zwischen den

einzelnen Knotenzahlen beschaffen?
Wir ergänzen die Tabelle um die *Zuwächse* von Zeile zu Zeile

Knoten	Bögen	Zuwachs
2	1	
3	3	2
4	6	3
5	10	4
6	15	5

und stellen fest, daß beim Übergang von 2 zu 3 Knoten 2 Bögen dazukommen, beim Übergang von 3 zu 4 Knoten 3 Bögen, usw.
Wir können also für die Bogenzahl $B(n)$ festhalten:

$B(2) = 1$
$B(n + 1) = B(n) + n$

und haben damit eine *rekursiv* aufgeschriebene Beziehung für die Zahl der Bögen im vollständigen Graphen gefunden. In einem solchen Fall spricht man auch von einer *rekursiven Definition*.

Schritt 3: *Begründung der rekursiven Definition*
Zunächst müssen wir uns klarmachen, warum die Formel in der angegebenen Form korrekt ist.
Dazu braucht man sich nur klar zu machen, daß der vollständige Graph mit 5 Knoten aus demjenigen mit 4 Knoten entsteht, indem man den (neuen) fünften Knoten mit den anderen *4* Knoten verbindet.

Analog gilt:
Der vollständige Graph mit $n + 1$ Knoten entsteht aus demjenigen mit n Knoten, indem man den neuen $(n + 1)$-ten Knoten mit den anderen *n* Knoten verbindet.

Schritt 4: *... und die allgemeine Gleichung?*
Mit der rekursiven Definition ist immer noch keine *geschlossene Gleichung* für die Zahl der Bögen gefunden. Wir können jetzt aber für jede Zahl n die Zahl der Bögen wie folgt aufschreiben:

$$B(2) = 1$$
$$B(3) = 1 + 2$$
$$B(4) = 1 + 2 + 3$$
$$B(5) = 1 + 2 + 3 + 4$$
$$...$$
$$B(n) = 1 + 2 + ... + (n - 1)$$

Für die Summe der ersten n natürlichen Zahlen kennen wir aus der Arithmetik bereits die Beziehung:

$$1 + 2 + ... + n = \frac{n \cdot (n + 1)}{2}$$

Dann gilt:

$$1 + 2 + ... + (n - 1) = \frac{(n + 1) \cdot n}{2} - n$$

Daraus folgt:

$$B(n) = 1 + 2 + ... + (n - 1) = \frac{(n + 1) \cdot n}{2} - n =$$

$$\frac{(n + 1) \cdot n - 2n}{2} = \frac{n^2 - n}{2} = \frac{(n - 1) \cdot n}{2}$$

Wir können also formulieren:

Satz 9

Der vollständige Graph V_n hat $\dfrac{(n - 1) \cdot n}{2}$ Knoten.

Schritt 5: *Rückblick und Vertiefung*
Wir sind hier auf einem eher arithmetisch ausgerichteten Weg zu unserer Gleichung gekommen.
Kann man die Gleichung jetzt auch "anders verstehen", vielleicht sogar zu einer neuen Begründung kommen?
Dazu hilft die in Schritt 3 gegebene Begründung ein Stück weiter. Dort hatten wir festgestellt, daß der (n + 1)-te Knoten, hinzugefügt zum vollständigen Graphen mit n Knoten, n Bögen benötigt, um mit allen vorher gegebenen Knoten verbunden zu werden.

Diese Begründung ging vom *Übergang* der Knotenzahl 2 zu 3, 3 zu 4, 4 zu 5, etc. aus.
Die Existenz einer "geschlossenen" Gleichung legt aber nahe, daß es auch eine

Begründung "direkt" für den Graphen mit n Knoten gibt.

Diese Begründung lautet wie folgt:

Da ein Knoten nicht mit sich selbst verbunden werden kann, hat jeder der n Knoten n - 1 "Partner". Wenn wir jetzt jeden Knoten mit jedem seiner "Partner" verbinden, bekommen wir n · (n - 1) Bögen. Da wir dabei aber einen Bogen vom Knoten k_i zu k_j und einen weiteren von k_j zu k_i zeichnen, muß die so ermittelte Zahl noch durch 2 geteilt werden, damit jeder Knoten nur mit *einem* Bogen mit den anderen Knoten verbunden ist.

6.2 Wie viele Knoten ungerader Ordnung gibt es in beliebigen Graphen?

Schritt 1: *Wir betrachten Beispiele*

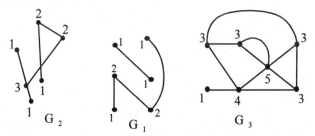

Die Knotenordnungen in diesen Beispielen führen zu folgender Vermutung:

Satz 10

Es gibt stets geradzahlig viele Knoten ungerader Ordnung.

Schritt 2: *Genauere Analyse*

Wir wollen die Behauptung beweisen oder widerlegen. Dazu können wir zunächst weitere Beispiele überprüfen (tun Sie's). Wir finden kein Gegenbeispiel.

Um auf eine Begründung zu kommen, sammeln wir weiteres Material über die Graphen. Welches Zahlenmaterial können wir noch erheben?

1. Anzahl der Bögen

    G_1 : 4

    G_2 : 5

    G_3 : 11

2. Anzahl der Knoten

G_1 : 6
G_2 : 6
G_3 : 7

3. Summe der Knotenordnungen

G_1 : 8
G_2 : 10
G_3 : 22

Diese Beispiele führen uns zu der folgenden zusätzlichen Vermutung:

Satz 10 a
Die Summe der Knotenordnungen in einem beliebigen Graphen ist das doppelte der Bogenzahl.

Ist dieser Zusammenhang überraschend?
Nein! Denn: Zu jedem Bogen gehören zwei Knoten.

Schritt 3: *Begründung der Aussage*
Damit können wir unsere Vermutung von Schritt 1 begründen.
Die Summe S der Knotenordnungen setzt sich zusammen aus

S_1: Summe der Ordnungen aller Knoten mit gerader Ordnung
S_2: Summe der Ordnungen aller Knoten mit ungerader Ordnung

Dabei ist S_1 stets *gerade*, da wir nur Knoten mit gerader Ordnung betrachten.
S ist *gerade*, wie in Satz 10 a gezeigt wurde.
Wegen $S = S_1 + S_2$ muß daher auch S_2 gerade sein. —
S_2 ist als Summe von ungeraden Zahlen genau dann gerade, wenn die Anzahl der Summanden gerade ist.

Also gibt es stets geradzahlig viele Knoten ungerader Ordnung, Satz 10 ist bewiesen.

Aufgabe

(12) Die folgende Tabelle enthält Angaben über die Zahl von Knoten der Ordnung 1,2,3,4,5,6,7 eines Graphen. Entscheiden Sie, ob man zu diesen Angaben einen zusammenhängenden Graphen zeichnen kann. Wenn ja, zeichnen Sie den Graphen (schreiben Sie an jeden Knoten die zugehöri-

ge Ordnung). Wenn nein, geben Sie eine kurze Begründung unter Angabe des benutzten Satzes.

Ord-nung	1	2	3	4	5	6	7
a)	1	3	1	2	1	2	2
b)	1	3	1	2	0	0	0

6.3 Das Königsberger Brückenproblem

Im 18. Jahrhundert diskutierten die "gebildeten Kreise" Königsbergs über ein Problem, das als *Königsberger Brückenproblem* in die Geschichte eingegangen ist.

Die Situation (im 18. Jahrhundert)
Durch Königsberg floß der *Pregel*. Die Arme dieses Flusses bildeten eine Insel. Insgesamt 7 Brücken führten in der abgebildeten Weise über den Fluß.
Das Problem
Kann man einen Rundweg finden, der *genau einmal* über *jede* Brücke führt?

Wir wollen das Problem mit unseren Mitteln lösen.

Schritt 1: *Probieren*
Versuchen Sie, selbst einen entsprechenden Rundweg zu finden. Sie werden feststellen, daß Sie keinen entdecken (andernfalls hätte sich das Problem wohl auch nicht zu einem "Gesellschaftsspiel" entwickeln können).

Schritt 2: *Erster Versuch der "Geometrisierung"*
Wir nehmen die Brücken als Knoten eines Graphen an und zeichnen dann passende Bögen.
Das Ergebnis könnte eventuell so aussehen:

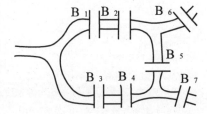

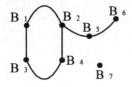

Wir geben spätestens an dieser Stelle auf, denn es ist offensichtlich, daß man so *nicht* weiterkommt. Der Versuch, die Bögen einzuzeichnen, entspricht exakt dem Versuch, einen Rundweg zu finden: man muß nämlich beim Weiterzeichnen zu B_7 zum Beispiel berücksichtigen, daß man die Brücke *überqueren* muß, daß also zu B_4 oder B_3 fortgesetzt werden muß.

Damit brechen wir diesen Versuch, Bögen zu zeichnen, ab.

Schritt 3: *Zweiter Versuch der Geometrisierung*

Wir überlegen uns, daß wir die Brükken *passieren* sollen. Nachdem der Ansatz, die Brücken selbst als Knoten zu wählen, uns nicht weiter gebracht hat, überlegen wir:
Der Weg über eine Brücke werde selbst als *Bogen* dargestellt. Die Brükken führen in die vier angegebenen Gebiete. Diese Gebiete nehmen wir jetzt als *Knoten* an.
Damit ergibt sich in "natürlicher Weise" der rechts stehende Graph:
Wir sehen, daß die *Mathematisierung* bzw. *Geometrisierung* unseres Problems jetzt gelungen ist. Der Weg von einem Knoten zum anderen entspricht einer Brückenüberquerung.

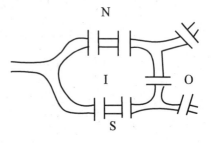

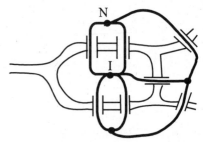

Schritt 4: *Lösung des Problems*

Wir können das Problem jetzt lösen, indem wir die Ausgangs-Fragestellung in eine Frage über den Graphen umformulieren:

> Kann man einen Rundweg finden, der genau einmal über jede Brücke führt?

wird zu

> Gibt es einen Weg durch den Graphen, bei dem jeder Bogen genau einmal durchlaufen wird?

Diese Frage können wir mit Hilfe von Satz 1 beantworten:

Der Graph enthält vier Knoten ungerader Ordnung. Einen Rundweg der geforderten Form kann es demnach nicht geben.

... und warum ist dieses Problem wichtig?
Dieses Problem kam zu der Zeit auf, als der Mathematiker *Euler* in Königsberg lebte. Die Mathematisierung und Formalisierung der Aufgabe und die Lösung, die Euler fand, waren der Ausgangspunkt der Graphentheorie.

Aufgabe

(13) Ähnlich wie beim Königsberger Brückenproblem sei ein Fluß gegeben, der sich zu einem kleinen See mit zwei Inseln aufweitet. Über den Fluß führen verschiedene Brücken, die auch die Inseln mit dem "Festland" verbinden.

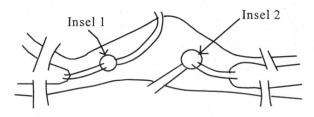

a) Gibt es einen Spazierweg, der über jede Brücke genau einmal führt? Der Weg braucht kein Rundweg zu sein.
   Zeigen Sie mit Hilfe eines geeigneten Graphen, daß dies nicht geht. Die Zeichnung ist in nachvollziehbarer Weise zu beschriften.
b) Kann man durch den Bau einer weiteren Brücke die Frage aus a) positiv beantworten? Gehen Sie bei der Lösung so vor:
   Schritt 1: Ergänzung des Graphen um einen geeigneten Bogen, passende Begründung.
   Schritt 2: Übertragung des Graphen: zeichnen der neuen Landschaftsgestaltung.
c) Finden Sie *alle* sinnvollen Brücken.

7 Färbungsprobleme

7.1 Das Vierfarbenproblem

Beim Einfärben einer politischen Karte der Erde ist es sinnvoll, die Länder so einzufärben, daß Länder mit gemeinsamen Grenzen jeweils verschieden eingefärbt werden.
Für eine mathematische Analyse dieses Problems ist es nicht notwendig, von

Landkarten auf einer Kugel (dem Globus) auszugehen. Jede Landkarte auf dem Globus läßt sich nämlich in eine ebene Landkarte umformen. Dazu stellen wir uns vor, die Kugel sei aus Gummi und stechen in eines der Länder ein Loch. Wir greifen in dieses Loch und ziehen die Kugel auseinander, bis sie in der Ebene ausgebreitet ist. Wir erhalten dann Karten, die zum Beispiel wie folgt aussehen (der Einfachheit halber erhält das "auseinandergezogene" Land eine rechteckige Umrandung):

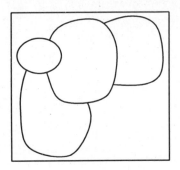 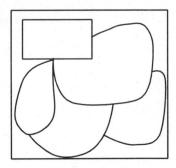

Bei der Einfärbung müssen wir berücksichtigen, daß das außen liegende Gebiet ebenfalls so eingefärbt werden muß, daß alle benachbarten Gebiete jeweils verschieden gefärbt sind.

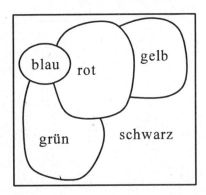 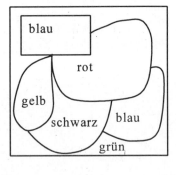

Wir überlegen jetzt, ob wir auch mit weniger Farben auskommen. In den beiden Beispielen genügen jeweils vier Farben.

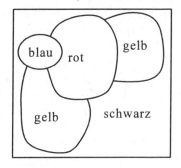 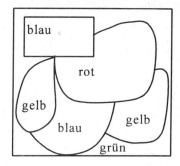

Wenn man verschiedene Beispiele von Landkarten betrachtet, stellt man fest, daß in allen Beispielen vier Farben genügen.

Es gilt der

Satz 11 (Vierfarbensatz)
Jede Landkarte ist mit höchstens vier Farben so färbbar, daß Länder mit gemeinsamen Grenzen unterschiedlich gefärbt sind.

Der Beweis dieses Satzes ist erst vor kurzem gelungen. Die Durchführung des Beweises wurde allerdings einem Computerprogramm übertragen, so daß die Korrektheit des Beweises vom ordnungsgemäßen Funktionieren des Computers und der Korrektheit des Programms abhängt.

Wir können jedoch in einem *einfachen* Fall alle denkbaren Färbungen analysieren:
Bei *zwei* Ländern, die von einem außen liegenden Gebiet umschlossen sind, sind folgende Lagen möglich:

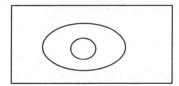 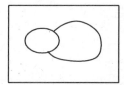 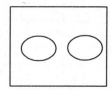

Im ersten und dritten Fall genügen zwei Farben für eine korrekte Färbung, im zweiten Fall benötigt man drei Farben.
Bei höheren Anzahlen von Ländern wird die Erfassung der möglichen wechselseitigen Lagen schnell unübersichtlich.

Wir betrachten als Beispiel lediglich die Frage, auf wie viele wesentlich verschiedene Arten man in der folgenden Situation

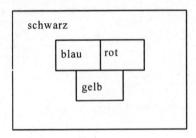

zu den drei innenliegenden Ländern ein viertes Land anfügen kann, und wie dann jeweils gefärbt werden muß. Bei der systematischen Analyse gehen wir so vor:
Zunächst untersuchen wir den Fall, daß das vierte Land keine Grenze (Bild 1) bzw. nur eine Grenze mit den anderen drei inneren Ländern gemeinsam hat. In diesem Fall betrachten wir nur eine der drei möglichen Lagen (Bild 2)

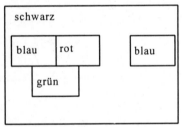

Bild 1

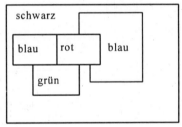

Bild 2

Dann betrachten wir den Fall, daß das vierte Land mit den anderen drei inneren Ländern zwei Grenzen gemeinsam hat. Drei Positionen sind denkbar (Bild 3, Bild 4, Bild 5):

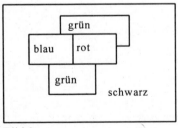

Bild 3

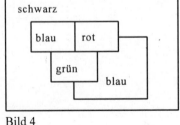

Bild 4

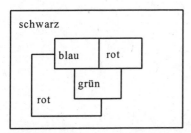

Bild 5

Damit verbleibt der Fall, daß das vierte Gebiet alle drei Länder berührt.

Ein allgemeiner Beweis des Vierfarben-
satzes ist mit den mathematischen Mitteln, die im Rahmen Ihres Studiums be-
reitgestellt werden, nicht möglich. Selbst
die Beweise schwächerer Sätze, daß man
wenigstens mit fünf oder auch mit sechs
Farben auskommt, sind immer noch recht
langwierig, so daß sie einem weiterfüh-
renden Buch vorbehalten bleiben. Wir
behandeln deshalb im folgenden ledig-
lich zwei Sätze, die Bedingungen nennen, unter denen ein Graph mit *zwei*
Farben korrekt gefärbt werden kann.

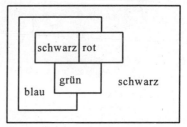

Bild 6

7.2 Ein Zweifarbensatz

Wir beginnen mit einem Beispiel.

Durch ein Rechteck verlaufen mehrere Geraden. Die Geraden schneiden sich
gegenseitig. Insgesamt ergibt sich damit eine Reihe von Gebieten, die voneinander durch Strecken abgegrenzt sind. Im Beispiel auf der folgenden Seite sind
diese Gebiete mit den Farben schwarz und weiß so eingefärbt, daß an keiner
Stelle zwei gleichfarbige Gebiete aneinandergrenzen.
Ist dies stets möglich?
Wir wollen diese Frage Schritt für Schritt systematisch untersuchen.

Ein erster Versuch mit einem selbstgewählten Beispiel zeigt, daß man nur *ein* (beliebiges) Gebiet schwarz färben muß, um die Färbung der gesamten Fläche zwingend zu erhalten. Insbesondere zeigt sich in allen derart durchgeführten Beispielen, daß eine korrekte schwarz/weiß-Färbung stets möglich ist.

Die Analyse von Beispielen ist als Beweis jedoch nicht ausreichend. Wir können nicht ausschließen, daß es doch komplizierte Lagen von Geraden gibt, in denen man eine weitere Farbe für eine korrekte Färbung benötigt. Wir betrachten deshalb *systematisch*, wie man Färbungen für n = 1,2,3,... Geraden enthält. Dabei beziehen wir uns auf die Abbildungen der folgenden Seite.

Wir stellen fest:

Bei n = 1 ist die Färbung kein Problem.

Beim Fortschreiten zu n = 2 zeichnen wir zunächst eine neue Gerade ein (Bild 2 - damit die Gerade sichtbar bleibt, ist das schwarze Gebiet hier grau eingefärbt). Diese teilt das Rechteck in zwei Gebiete ein. Der Einfachheit halber bezeichnen wir diese Gebiete als oberes und als unteres Gebiet. Um eine korrekte Färbung für die neue Situation zu erhalten, brauchen wir nur im "unteren" Gebiet alle schwarzen Flächen weiß und alle weißen Flächen schwarz zu färben (Bild 3).

Wir zeichnen jetzt eine weitere Gerade ein (Bild 4) und verfahren bei der Neufärbung entsprechend (Bild 5). Wir können jetzt eine vierte Gerade einzeichnen, entsprechend neu färben, usw.

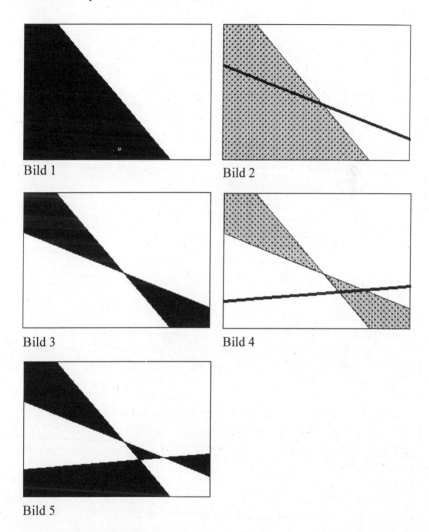

Bild 1   Bild 2

Bild 3   Bild 4

Bild 5

Das hier vorgestellte Verfahren kann offenbar beliebig fortgesetzt werden. Einen exakten Beweis kann man mit dem Beweisverfahren der vollständigen Induktion führen. Da ich dieses Verfahren nicht als bekannt voraussetzen möchte, wählen wir im folgenden einen indirekten Ansatz (der im übrigen

60

äquivalent zum Beweisverfahren der vollständigen Induktion ist).

Satz 12

Durch ein Rechteck verlaufen n Geraden. Innerhalb des Rechtecks wird durch diese Geraden eine "Karte" definiert, deren Gebiete durch Abschnitte dieser Geraden voneinander abgegrenzt sind.

Für beliebige $n \in \mathbb{N}$ gilt: unabhängig von der vorgegebenen Lage der n Geraden kann man die Gebiete so mit den Farben Schwarz/Weiß einfärben, daß benachbarte Gebiete stets verschieden gefärbt sind.

Beweis

Wir führen den Beweis indirekt und nehmen an, daß der Satz falsch ist. Dann muß es ein Rechteck mit n Geraden geben, in dem eine derartige Färbung *nicht* möglich ist.

Da für $n = 1$ der Satz sicher richtig ist, muß es eine kleinste Zahl $n_0 > 1$ geben, für die der Satz *falsch* ist.

Wir haben also ein Rechteck, durch das n_0 Geraden verlaufen, und in dem *keine Färbung mit den Farben schwarz und weiß möglich ist.*

Wir entfernen eine Gerade. Damit hat das Rechteck nur noch $n_0 - 1$ Geraden. Dabei gilt:

$$n_0 - 1 \geq 1$$

Diese Zahl ist kleiner als n_0 und mindestens gleich 1. Da n_0 die *kleinste* Zahl war, für die der Satz nicht gilt, muß das neu gebildete Rechteck, in dem nur $n_0 - 1$ Geraden vorkommen, korrekt färbbar sein. Diese Färbung nehmen wir zunächst vor.

Wir gehen jetzt weiter wie in dem oben vorgestellten Beispiel vor:

Zunächst zeichnen wir die zuvor entfernte Gerade wieder ein. Die Gerade teilt das Rechteck in zwei Gebiete ein. Im einen der beiden Gebiete lassen wir die Färbung unverändert. Im anderen Gebiet kehren wir die Färbung von schwarz in weiß und von weiß in schwarz um.

Wir erreichen damit, daß längs der durch die neu eingetragene Gerade entstandenen Grenze an keiner Stelle gleichfarbige Gebiete aneinanderstoßen.

Innerhalb des ersten Gebietes ist die Bedingung, daß benachbarte Gebiete verschieden gefärbt sind, erfüllt, da ja keine Umfärbung vorgenommen wurde.

Da innerhalb des zweiten Gebietes *alle* Farben "umgetauscht" wurden, liegt auch hier weiterhin eine korrekte Färbung vor.

Insgesamt haben wir damit auch für n_0 Geraden eine korrekte Färbung erzielt. Dies widerspricht der Wahl von n_0, denn für diese Zahl sollte ja eine korrekte

Färbung *nicht* möglich sein.

Wir haben damit die Annahme, es gebe eine Zahl von Geraden, für die eine korrekte Färbung nicht möglich ist, zum Widerspruch geführt. Der Satz ist bewiesen.

7.3 Verallgemeinerung des Zweifarbensatzes

Wir wollen uns am Beispiel des vorangegangenen Satz vor Augen führen, wie mathematische Aussagen *verallgemeinert* werden können. Es sollen also allgemeinere Voraussetzungen gefunden werden, bei deren Zutreffen eine korrekte Färbung mit zwei Farben möglich ist.

Beispiel 1
Dazu suchen wir zunächst nach Situationen, in denen ein vergleichbarer Satz gilt (vgl. auch Aufgabe 14).
In ein großes Rechteck werden n Kreise eingezeichnet, etwa so wie in der Abbildung.
Auch hier kann man die entstehenden Gebiete immer so mit den Farben Schwarz/Weiß

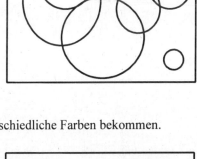

färben, daß benachbarte Gebiete unterschiedliche Farben bekommen.
Wir haben damit ein Beispiel für eine neue Situation, in der der Zweifarbensatz gilt.
Ein korrektes Verständnis für eine mögliche Verallgemeinerung des Satzes erfordert die Betrachtung weiterer Beispiele.

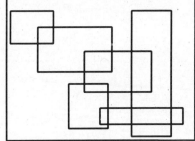

Beispiel 2
In ein großes Rechteck werden n andere Rechtecke eingezeichnet, etwa wie nebenstehend.
Kann man die entstehenden Gebiete immer so mit den Farben Schwarz/Weiß färben, daß benachbarte Gebiete unterschiedliche Farben bekommen?

Sind Sie wie bei den Kreisen auf die Anzahl von 2 Farben gekommen?

Dann sind Sie "in die Falle gelaufen". Das Beispiel war recht suggestiv gewählt, denn im Falle des Beispiels genügten tatsächlich zwei Farben.

Im allgemeinen Fall benötigt man jedoch mehr Farben. Das nebenstehende Beispiel zeigt, daß mindestens drei Farben be-

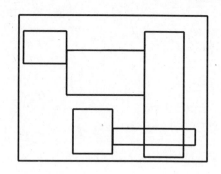

nötigt werden. Man kann jedoch einfache Beispiele von Rechteck-Anordnungen finden, in denen auch drei Farben nicht für eine korrekte Färbung genügen.

Wir wollen jetzt nach Gründen suchen, warum im ersten Fall zwei Farben für die Rechteck-Färbung genügen, im zweiten nicht. Dazu betrachten wir die *Unterschiede* zwischen den beiden Bildern und sehen, daß sich im ersten Bild alle Rechtecke überlappen, während im zweiten Bild an drei Stellen (gekenn-

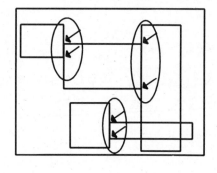

zeichnet durch Ovale) nur *Berührungen* auftreten.

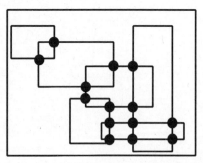

An den durch Pfeile markierten Knoten stoßen jeweils drei Gebiete aneinander. Deshalb ist eine korrekte Färbung mit zwei Farben nicht mehr möglich.

Wir betrachten jetzt die entsprechenden Knoten in dem Graphen, der mit zwei Farben färbbar war und stellen fest, daß hier jeweils *vier* Gebiete aneinanderstoßen.

Man kann sich durch eine Betrachtung entsprechender Beispiele schnell klar machen, daß die Färbbarkeit

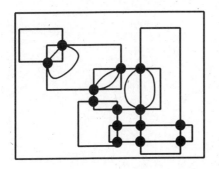

mit zwei Farben auch dann gilt, wenn in den Knoten jeweils 4, 6, ... , also geradzahlig viele Gebiete aneinanderstoßen.

In der nebenstehenden Skizze sind zur Illustration einige weitere Bögen eingezeichnet.

Damit erhalten wir den folgenden neuen Satz:

Satz 13 (Zweifarbensatz)
Sei G ein planarer Graph, bei dem in jedem Knoten geradzahlig viele Gebiete aneinanderstoßen. Dann können die Gebiete mit zwei Farben zulässig gefärbt werden.

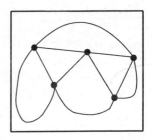

Schritt 1: *Analyse der Behauptung*
Wir betrachten ein Beispiel und färben es Schritt für Schritt ein. Dabei verzichten wir allerdings auf eine Markierung der Knoten.

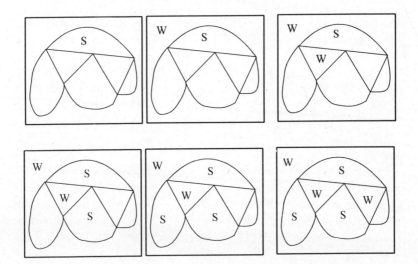

64

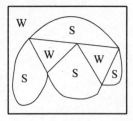

Schritt 2: *Beweis*
Wir führen den Beweis mit Hilfe eines Verfahrens, das Sie bei der Lösung des Königsberger Brückenproblems kennengelernt haben:
In jedes Gebiet des Graphen wird ein Knoten gelegt. Knoten, die in benachbarten Gebieten liegen, werden miteinander verbunden, wie die linke Abbildung zeigt. Da in jedem der früheren Knoten (jetzt grau schattiert) eine gerade Zahl von Gebieten zusammenstößt, ist jeder dieser Knoten von einer geraden Zahl von Bögen (gestrichelt gezeichnet) umschlossen.
Die neu eingezeichneten Knoten und Bögen bilden somit einen neuen Graphen, dessen neue Gebiete durch die Knoten des ursprünglichen Graphen markiert sind. Dies wird besonders deutlich, wenn man die Bögen des ursprünglichen Graphen entfernt (rechte Abbildung).

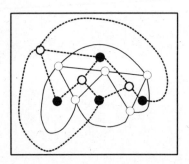 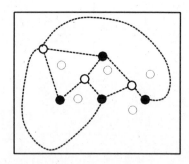

In dem neu gebildeten Graphen wird demnach jedes Gebiet von einer geraden Anzahl von Bögen umschlossen.
Gemäß Satz 4 kann man die Knoten dieses neuen Graphen mit 2 Farben so färben, daß benachbarte Knoten jeweils verschiedene Farben haben. Bezogen auf die Ausgangssituation ergibt dies die Behauptung.

Aufgaben

(14) a) Wenn man Kreise wie nebenstehend in ein Rechteck einzeichnet, können die entstehenden Gebiete stets mit zwei Farben zulässig eingefärbt werden. Beweisen Sie dies.

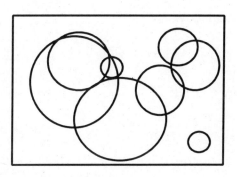

b) Ist die Behauptung auch richtig, wenn man anstatt Kreisen beliebige krummlinig begrenzte Figuren nimmt?

(15) Gegeben sei der nebenstehende Graph. Zeigen Sie, daß man diesen Graphen mit zwei Farben färben kann, *wenn das außenliegende Gebiet nicht mit eingefärbt werden soll*

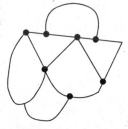

(16) Bei der Formulierung von Satz 13 wurde *nicht* benutzt, daß der Graph *zusammenhängend* sein soll.

Zeigen sie, daß der Satz auch für *zweigeteilte, dreigeteilte ... Graphen* (vgl. Aufgabe 7) *gilt.*

(17) Beim Beweis von Satz 13 haben wir ein Beispiel benutzt, bei dem in jedem Knoten *vier* Länder aneinanderstießen.

Sind die Überlegungen auch gültig, wenn in einem Knoten *zwei* Länder aneinanderstoßen?

II Die Welt ausmessen

1 Einleitung

Die Längen, Flächen und Volumina bilden jeweils sogenannte Größenbereiche[1]. Ihre didaktische Behandlung wird dem sogenannten Sachrechnen zugeordnet.

Von den vielfältigen Problemen des Sachrechnens sind in unserem - geometrischen - Zusammenhang die mit dem Messen verbundenen Fragen von besonderer Bedeutung. Vor der mathematischen Analyse der damit zusammenhängenden Probleme wollen wir zunächst kurz auf die Frage eingehen, wie das Messen im Unterricht eingeführt werden kann.

Vielfach wird hier empfohlen, die Kinder Schritt für Schritt unser Maßsystem neu "entdecken" zu lassen. Dabei wird besonderer Wert darauf gelegt, die Kinder zunächst nicht-standardisierte Maße verwenden zu lassen.

- Zunächst vergleicht man Gegenstände *direkt*: man legt Stäbe nebeneinander, so daß sich unmittelbar feststellen läßt, welcher der längere ist.
- Nicht bei allen Gegenständen kann man die Länge direkt vergleichen. In diesem Fall kann man sich mit einer Schnur behelfen, die an passender Stelle markiert wird (*indirekter Vergleich*).
- Eine erste Normierung des Verfahrens erhält man durch die Einführung eines Vergleichsgegenstandes, der mehrfach angesetzt wird. Hier kann man "Fuß vor Fuß" setzen oder auch zählen, wie viele Schritte man zum Abschreiten des Gegenstandes benötigt.
- Das Verfahren läßt sich verfeinern, wenn man Vergleichsgegenstände unterschiedlicher Länge benutzt.

Vor der Einführung der Größen m, cm, ... kann man zunächst noch standardisierte Maße einführen, die lediglich für die jeweilige Klasse verbindlich sind. Dazu kann man z.B. ein Maßband herstellen, das durch Halbieren regelmäßig unterteilt wird.

Auch wenn man auf diese Phase verzichtet, sollten die Standard-Maßeinheiten erst dann eingeführt werden, wenn die Kinder auf die Notwendigkeit der Verfügbarkeit und Kommunikationsfähigkeit von Einheiten stoßen (vgl. Lorenz [7]).

Wegen der Bedeutung der drei geometrischen Größenbereiche *Längen, Flä-*

---

[1] Weitere Größenbereich sind *Anzahlen, Gewichte, Zeitspannen, Geldwerte.*

chen und *Volumina* für den Mathematikunterricht haben wir im Literaturverzeichnis einige ausgewählte didaktische Arbeiten aufgeführt, die Ihnen vielfältige methodische Anregungen für den eigenen Unterricht geben können.

Aufgaben

(1) Suchen Sie in verschiedenen Schulbüchern für die Grundschule die Seiten, auf denen erstmalig die Längenmessung behandelt wird. Beschreiben Sie die dort vorgefundenen Stufenfolgen jeweils mit eigenen Worten.

(2) a) Lesen Sie die Ausführungen von Strehl [12, S. 61 f.] zur Einführung des Größenbereichs *Längen*. Ordnen Sie die von Ihnen in den Schulbüchern vorgefundenen Stufen denjenigen von Strehl zu.

b) Lesen Sie die Arbeit von Lorenz [7].

c) Lesen Sie die Arbeit von Winter [13].

2 Längenmessung

Für die mathematische Behandlung der Längenmessung sind nicht-standardisierte Größen von nicht so großer Bedeutung wie für die Einführung im Unterricht. Besonders problematisch ist hier ein Aspekt, der in der Grundschule wegen seiner Komplexität *gar nicht* problematisiert werden kann:

2.1 Die Länge einer "krummen Linie"

Wird man nach der Länge einer krummen Linie gefragt, kann man etwa so die Antwort finden:

Man nimmt ein Stück Bindfaden und legt dieses genau auf der Linie aus.

Anschließend zieht man den Bindfaden gerade und mißt seine Länge mit Hilfe eines Lineals.

Dieses Meßverfahren unterliegt einigen praktischen Beschränkungen. Es ist zum Beispiel nicht anwendbar, wenn die Schlingen der Linie so eng sind, daß der Bindfaden die gesamte Schlinge überdeckt:

Für praktische Zwecke ist diese Einschränkung allerdings unerheblich, da die entstehende Ungenauigkeit ohne Belang ist.

Aus theoretischer Sicht stellt man sich vor, daß krumme Linien ebenso wie Geraden keine Breite (bzw. "Dicke") haben, und daß Gleiches auch für den messenden "Faden" gilt.

Dieses Verfahren ist damit exakt, auch wenn seine praktische Realisierung nur Näherungswerte liefert.

Die mathematische Formalisierung dieses Vorgehens bereitet allerdings Schwierigkeiten, da das "Geradeziehen" des Bindfadens kaum mathematisch modellierbar ist.

Man geht deshalb bei der Längenmessung näherungsweise vor.

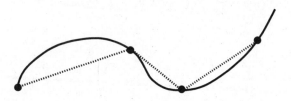

Da die Länge einer Strecke unproblematisch meßbar ist, erhält man mit dem obigen Streckenzug eine erste Näherung für die Länge der krummen Linie.

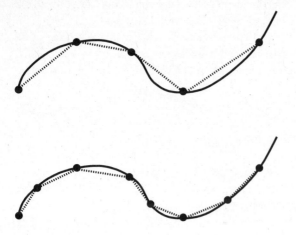

Diese Näherung läßt sich durch die Annahme weiterer "Stütz-Punkte" ver-
bessern.

Dieser Prozeß der zunehmenden Verfeinerung kann beliebig fortgesetzt wer-
den. Die Länge der Linie ergibt sich dann als sogenannter Grenzwert der
Längen der Streckenzüge. (Die Frage des *Existenznachweises* für derartige
Längen kann in diesem Buch nicht behandelt werden).

2.2 Die Länge von Streckenzügen

Die Länge eines Streckenzuges bestimmt sich aus der Summe der Längen
seiner Teilstrecken.

Wir wollen deshalb untersuchen, welche Prinzipien wir ausnutzen, wenn wir
die Länge einer Strecke messen.

Streckenlängen werden mit Hilfe eines Lineals bestimmt. Im vorliegenden Fall hat die Strecke (bei nicht maßstabsgetreuer Abbildung) eine Länge von 2,7 cm.

Wir messen also in der Einheit cm, die "nach oben" zu dm, m, km vergrößert, "nach unten" zu mm verfeinert wird.

Zunächst können wir hier feststellen, daß diese Maßeinheit willkürlich ist (vgl. die didaktischen Überlegungen des vorigen Abschnitts). Nachdem die verschiedenen Staaten Europas und Amerika jahrhundertelang verschiedene Maßeinheiten (Fuß, Elle, ...) benutzt hatten, kam im Gefolge der französischen Revolution der Gedanke auf, eine einheitliche Maßeinheit zu benutzen, die allen Völkern der Erde gleichermaßen zu eigen ist:

"Um sich bei der Wahl einer neuen Maßeinheit leiten zu lassen, hatte man beschlossen, nichts zu akzeptieren, was nicht aufs engste mit ursprünglichen Gegenständen verbunden sei, nichts, was von Menschen oder Ereignissen späterer Zeiten abhing. Nur bei einem System, welches keiner Nation ausschließlich angehörte, bestand Hoffnung, daß es von allen angenommen würde. Was, außer der Natur, besaß diese Eigenschaft? Und was in der Natur konnte besser für Unveränderlichkeit, Universalität, Ewigkeit einstehen als die Erdkugel selbst?

Alles war dafür bereit: das Zeitalter, die Menschen, die Institutionen und die technischen Möglichkeiten. Es kam der feierliche Moment der Definition. Man verkündete, das neue Längenmaß solle ein Stück des Globusses sein: 'Der vierzigmillionste Teil eines irdischen Meridians'." (Guedj [5], S. 12,13)

Der Erdumfang wurde berechnet aus der zwischen den Jahren 1792 bis 1798 vermessenen Länge des Meridians zwischen Dünkirchen und Barcelona. Auf einer internationalen Konferenz im Jahr 1799 wurden die Ergebnisse diskutiert, der Urmeter wurde als verbindliches Längenmaß festgelegt. Das mit Frankreich verfeindete England nahm an dieser Konferenz nicht teil und benutzt bis heute eine andere Maßeinheit. In der internationalen Meterkonvention von 1875 wurde dieser Meter für viele Staaten die verbindliche Maßeinheit.

Unabhängig von der Frage, wie wir die Maßeinheit festlegen, brauchen wir eine Reihe von Grundannahmen ("Axiome der Längenmessung"), um "erfolgreich" messen zu können.

(1) *Existenz einer Maßeinheit*

Längenmessungen setzen voraus, daß eine feste Einheitsstrecke e gewählt werden kann, die das Längenmaß 1 erhält.

In den meisten Ländern der Erde ist dies der Urmeter mit dem Längenmaß 1 m.

Weiter wird gefordert: für jede (gerade und endliche) Strecke s gibt es
genau eine Maßzahl $a \in \mathbb{R}_{>0}$[2] derart, daß die Strecke s die Länge a m hat.

(2) *Längengleichheit kongruenter Strecken*

Verschiedene Repräsentanten dieser Einheit sind grundsätzlich gleich
lang (von physikalischen Problemen wie Längenverände-
rungen unter Wärmeeinfluß wird abgesehen). Mathematisch ausgedrückt bedeutet dies:

Deckungsgleiche (kongruente) Strecken sind gleich lang.

Weiter fordern wir, daß auch die *Umkehrung* gilt: Strecken
gleicher Länge sind kongruent.

(3) *Additivität*

Ein Zentimetermaß wird hergestellt, indem man Strecken der Länge 1 cm
nacheinander abträgt. Wir benutzen dabei folgendes Prinzip:

a cm   b cm

Wenn eine Strecke genau aus zwei Teilstrecken der Längen a cm und b
cm besteht, hat sie eine Gesamtlänge von (a + b) cm.

Diese "Axiome der Längenmessung" genügen, um beliebige Strecken zu
messen, deren Maßzahl eine natürliche oder rationale Zahl ist.

Auch wenn die Maßzahl einer Strecke eine nicht natürliche rationale Zahl ist,
kann sie unter ausschließlicher Benutzung der Einheitsstrecke 1 cm ausgemessen werden. Wir zeigen dies am Beispiel einer Strecke mit der
Länge $\frac{9}{4}$ cm.

Wir legen mehrfach Kopien dieser Strecke aneinander und überprüfen jeweils,
ob man die so erhaltene zusammengesetzte Strecke mit der Einheitsstrecke

---

[2] $\mathbb{R}_{>0}$ ist die Menge der reellen Zahlen, die größer als Null sind.

ausmessen kann. Dabei stehe "e" für die Längeneinheit 1 cm; s sei das zu bestimmende Längenmaß.

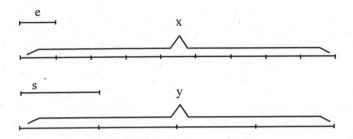

Im vorliegenden Beispiel stellen wir fest, daß wir vier aneinandergelegte Kopien von s mit neun aneinandergelegten Kopien der "Einheitsstrecke" e zur Deckung bringen können. Damit gilt:

Aus der Additivität folgt:
- x = 9 · 1 cm, da x durch Aneinanderlegen von 9 Exemplaren der Einheitsstrecke entsteht.
- y = 4 · s, da y durch Aneinanderlegen von 4 Exemplaren der Strecke s entsteht.

Da x und y kongruent sind, gilt: x = y

Nach dem ersten Axiom der Längenmessung gilt: s = k · 1 cm mit einer eindeutig bestimmten reellen Zahl k.

Daraus folgt: $s = \dfrac{9}{4}$ cm .

Aufgabe

(3)   In der soeben gemachten Folgerung $s = \dfrac{9}{4}$ cm steckt eine "heimliche Annahme".
Sie können diese Annahme herausfinden, wenn Sie den Weg von x = y bis zur Bestimmung von s etwas ausführlicher aufschreiben.

(4)   s sei eine Strecke der Länge a cm. Gemäß Skizze enthalte s eine Teilstrecke der Länge b cm. Zeigen Sie, daß für die Länge des Reststücks gilt: x = a - b .

2.3 Strecken irrationaler Länge: die Länge der Diagonalen eines Einheitsquadrates

Die Diagonale eines Quadrates mit der Kantenlänge 1 cm ist gemäß dem Satz des Pythagoras $\sqrt{1^2 + 1^2}$ cm, also $\sqrt{2}$ cm lang. $\sqrt{2}$ ist aber eine sogenannte irrationale Zahl, d. h.,

$\sqrt{2}$ ist nicht als Bruch der Gestalt $\dfrac{n}{m}$ mit n, m $\in$ N [3] darstellbar.

Der im vorigen Abschnitt beschriebene Meßprozeß, bei dem Strecken der Länge $\sqrt{2}$ cm so lange aneinandergelegt werden, bis sich eine ganzzahlige Länge ergibt, kann hier also *nicht* zum Erfolg führen, da andernfalls eine Bruchzahl das Ergebnis des Meßvorgangs wäre.

Mit einem endlichen Meßvorgang kann eine Strecke der Länge $\sqrt{2}$ cm daher nur *näherungsweise* bestimmt werden. Da jedoch jede irrationale Zahl Grenzwert einer Folge rationaler Zahlen ist, lassen sich Strecken "irrationaler Länge" mit beliebiger Genauigkeit durch Strecken rationaler Länge näherungsweise ausmessen.

Im vorliegenden Fall war es uns leicht möglich, eine Strecke der Länge $\sqrt{2}$ cm zu konstruieren. Ebenso einfach kann man Strecken der Längen $\sqrt{3}$ cm, $\sqrt{5}$ cm, $\sqrt{6}$ cm etc. konstruieren (vgl. Aufgabe 5).

Es bleibt allerdings die Frage offen, ob es wirklich für *jede* irrationale Zahl eine Strecke entsprechender Länge gibt. Wir fordern dies mit der Annahme der *Abtragbarkeit*:

(4) *Abtragbarkeit*
Sei g eine beliebiger Strahl mit Anfangspunkt S. Sei a eine positive reelle Zahl. Dann gibt es auf dem Strahl einen Punkt P derart, daß die Strecke [S P] die Länge a cm hat.

Aufgaben

(5) Konstruieren Sie zeichnerisch Strecken der Länge $\sqrt{n}$ cm mit n = 3, n = 5, n = 6 und begründen Sie die Korrektheit Ihres Verfahrens.

(6) Wenn man die in Aufgabe 5 konstruierten Strecken in geeigneter Weise

---

[3] N ist die Menge der von Null verschiedenen natürlichen Zahlen.

aneinandersetzt, kann man die Quadratwurzeln der Zahlen n = 2, n = 3, n = 4, n = 5, ... in einer geometrisch gefälligen Weise einheitlich konstruieren. Es gibt allerdings eine *größte* Zahl n, bis zu der diese Konstruktion möglich ist. Welches ist diese Zahl?

3 Flächenmessung

3.1 Flächeninhalt von Rechtecken

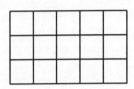

Wir können den Flächeninhalt eines Rechtecks mit *ganzzahligen* Seitenlängen n cm und m cm einfach bestimmen.

Das Rechteck wird zerlegt in Quadrate der Seitenlänge 1. Diese haben jeweils den Flächeninhalt 1 cm^2. Da es insgesamt n · m solche Quadrate gibt, hat das Rechteck einen Flächeninhalt von (n · m) cm^2.

Bei diesem Verfahren wird deutlich, daß wir auch für die Bestimmung des Flächeninhalts eine "Referenzfigur" benötigen,
– die möglichst einfach ist und
– für die die Maßzahl 1 festgelegt ist.
Die Festlegung dieser Figur ist willkürlich.

Wir können fast ebenso leicht auch den Flächeninhalt von Rechtecken bestimmen, die *rationale* Zahlen als Seitenlängen haben. Dazu betrachten wir ein Rechteck mit den Seitenlängen

$$a = \frac{u}{v} \text{ cm und } b = \frac{m}{n} \text{ cm, wobei } u, v, m, n \in \mathbb{N}.$$

$$\frac{u}{v} \text{ cm } \boxed{\phantom{\frac{m}{n} \text{ cm}}}$$

Dann setzen wir ein großes Rechteck aus diesen Rechtecken so zusammen, daß es ganzzahlige Seitenlängen hat:

n-mal

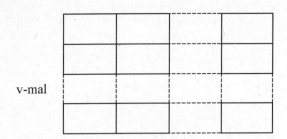

v-mal

Das neue Rechteck hat die Seitenlängen m cm und u cm und somit den Flächeninhalt (m · u) cm².

Dieses große Rechteck besteht aus v · n kleinen Rechtecken. Ein einzelnes kleines Rechteck hat somit den Flächeninhalt $\dfrac{m \cdot u}{v \cdot n}$ cm² .

Wir erhalten demnach: Ein Rechteck mit den Seitenlängen

$a = \dfrac{u}{v}$ cm und $b = \dfrac{m}{n}$ cm hat den Flächeninhalt $\left(\dfrac{u}{v} \cdot \dfrac{m}{n} \right)$ cm² .

Damit ist allerdings die *allgemeine Formel* für den Flächeninhalt eines Rechtecks noch nicht bewiesen, da wir noch Rechtecke mit Seiten irrationaler Länge behandeln müssen.[4]

Wir betrachten exemplarisch den Fall, daß eine Seite die Länge m cm mit $m \in \mathbb{N}$ hat, die andere aber die Länge x cm mit x irrational. x ist also nicht als Bruch darstellbar. Wir stellen uns vor, x sei gleich $\sqrt{2}$.

$\sqrt{2}$ cm

m cm

Wir können $\sqrt{2}$ nicht als Bruch darstellen, wohl aber als Grenzwert einer Folge rationaler Zahlen, etwa:

$a_1 = 1 \qquad a_2 = 1{,}4 \qquad a_3 = 1{,}41 \qquad a_4 = 1{,}414{,} \ldots$

---

[4] Auf die Existenz und Eindeutigkeit der Flächenmaße werden wir weiter unten unter dem Aspekt "Axiome der Flächenmessung" näher eingehen.

Wir schreiben: $\sqrt{2} = \lim\limits_{n\to\infty} a_n$

Wir bilden nun eine entsprechende Folge von Rechtecken

Als Folge der Flächeninhaltsmaße erhalten wir

$F_1 = m \cdot 1\ \text{cm}^2$ $F_2 = m \cdot 1{,}4\ \text{cm}^2$ $F_3 = m \cdot 1{,}41\ \text{cm}^2$ usw.

Wenn wir die Folge a_n gegen $\sqrt{2}$ konvergieren lassen, erhalten wir als Grenzwert

$$F = [\lim\limits_{n\to\infty} (m \cdot a_n)]\ \text{cm}^2$$

$$= (m \cdot \lim\limits_{n\to\infty} a_n)\ \text{cm}^2 = m \cdot \sqrt{2}\ \text{cm}^2$$

Wir müssen uns darüber im Klaren sein, daß es nicht von vornherein selbstverständlich ist, daß der Flächeninhalt unseres Rechtecks genau den Wert F hat. Wir setzen stillschweigend voraus:

Wenn eine Figur $\mathscr{F}$ mit endlichem Flächeninhalt F als Grenzwert einer Folge von Teilfiguren gebildet werden kann, dann konvergieren die Flächeninhalte der Teilfiguren gegen den Flächeninhalt von $\mathscr{F}$.

Die Formulierung ist recht schwammig: Aus der Analysis kennen wir zwar den Begriff des Grenzwertes einer Folge von Zahlen. Dieser Begriff ist aber nicht ohne weiteres auf geometrische Figuren zu übertragen.

Eine genauere Analyse zeigt, daß der Nachweis der Flächenformel für $a = m$ cm und $b = \sqrt{2}$ cm mit einer erheblich schwächeren Annahme geführt werden kann.

Dazu nehmen wir eine weitere Folge $(b_n)_{n \in \mathbb{N}}$ von Zahlen an, die "von oben" gegen $\sqrt{2}$ konvergiert.

Etwa $b_1 = 1{,}5$ $b_2 = 1{,}42$ $b_3 = 1{,}415,\ \ldots$

Unser Rechteck ist dann "eingeschachtelt" in eine Folge von Rechtecken mit rationalen Seitenlängen. Wir stellen die Situation stark vergrößert dar:

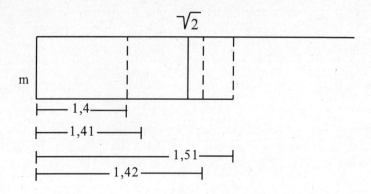

Der Flächeninhalt des Rechtecks mit den Seitenlängen a = m cm und
b = $\sqrt{2}$ cm ist größer als alle Flächeninhalte der eingeschlossenen Rechtecke
und kleiner als alle Flächeninhalte der Rechtecke, die unser Rechteck "umfassen".

Es gilt demnach für alle n ∈ ℕ (wobei wir der besseren Lesbarkeit halber bei
den folgenden Abschätzungen auf die Angabe der Maßeinheit cm^2 verzichten):

$$m \cdot a_n < F < m \cdot b_n$$

Für den Grenzwert der Folge $(m \cdot a_n)_{n \in \mathbb{N}}$ gilt:

$$\lim_{n \to \infty} m \cdot a_n \leq F$$

Der Übergang vom <-Zeichen zum ≤-Zeichen bei der Grenzwertbildung sollte
Sie nicht irritieren: schließlich gilt auch

$$\lim_{n \to \infty} a_n = \sqrt{2}$$

aber

$$a_n < \sqrt{2} \text{ für alle } n \in \mathbb{N}.$$

Entsprechend gilt es für den Grenzwert der Folge $(m \cdot b_n)_{n \in \mathbb{N}}$ mit m ∈ ℕ, so
daß sich insgesamt ergibt:

$$\lim_{n \to \infty} m \cdot a_n \leq F \leq \lim_{n \to \infty} m \cdot b_n$$

Weiter ist

$$\lim_{n \to \infty} m \cdot a_n = m \cdot \lim_{n \to \infty} a_n = m \cdot \sqrt{2} \, ,$$

$$\lim_{n \to \infty} m \cdot b_n = m \cdot \lim_{n \to \infty} b_n = m \cdot \sqrt{2} \, ,$$

und damit gilt: $m \cdot \sqrt{2} \le F \le m \cdot \sqrt{2}$

Daraus folgt: $F = m \cdot \sqrt{2}$

Eine genaue Analyse des Vorgehens in diesem Abschnitt ergibt - wie bei der Längenmessung - eine Anzahl stillschweigender Annahmen über Flächenmaße:

(1) *Existenz einer Maßeinheit*
Flächenmessungen setzen voraus, daß eine feste Einheitsfläche gewählt werden kann, die das Flächenmaß 1 cm^2 erhält. Dies ist das Quadrat mit der Seitenlänge 1 cm.
Weiter wird gefordert: für jede Fläche $\mathscr{F}$ gibt es genau eine Maßzahl $a \in \mathbb{R}$ derart, daß die Strecke $\mathscr{F}$ den Flächeninhalt $a \text{ cm}^2$ hat.

(2) *Flächengleichheit kongruenter Figuren*
Kongruente Figuren - Figuren, die durch Drehungen, Spiegelungen oder Verschiebungen auf einander abgebildet werden können - haben das gleiche Flächenmaß.

(3) *Additivität*
Wenn eine Figur $\mathscr{F}$ aus den Teilfiguren $\mathscr{F}_1, ..., \mathscr{F}_n$ besteht, die $\mathscr{F}$ ohne Lücken und Überschneidungen genau bedecken, dann ist der Flächeninhalt von $\mathscr{F}$ gleich der Summe der Flächeninhalte von $\mathscr{F}_1, \mathscr{F}_2, ..., \mathscr{F}_n$.

Die in unseren Überlegungen enthaltenen Abschätzungen enthalten eine weitere stillschweigende Annahme:

(4) *Monotonie*
Wenn eine Figur $\mathscr{F}_1$ von einer Figur $\mathscr{F}_2$ verschieden ist und von $\mathscr{F}_2$ vollständig überdeckt wird, dann ist der Flächeninhalt von $\mathscr{F}_1$ echt kleiner als der Flächeninhalt von $\mathscr{F}_2$.

Wir wollen das Ergebnis unserer Überlegungen in einem Satz festhalten:

Satz 1
Ein Rechteck mit den Seitenlängen a cm und b cm hat den Flächeninhalt

$F = (a \cdot b)$ cm^2. a und b können dabei beliebige positive reelle Zahlen sein.

3.2 Flächeninhalt beliebiger ebener Figuren

Der Flächeninhalt krummlinig begrenzter Figuren läßt sich mit beliebiger Genauigkeit durch Vielecke angenähert ermitteln:

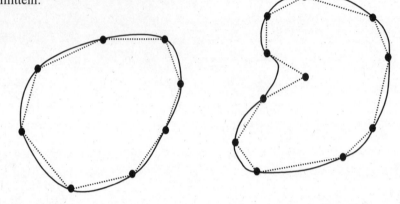

Dabei ist allerdings jeweils zu beachten, daß die einzelnen Streckenzüge *innerhalb* der Figur verlaufen. Die Stütz-Punkte müssen deshalb gegebenenfalls innerhalb der zu bestimmenden Fläche liegen.

Das Problem der Flächenbestimmung ist damit auf das Problem der Flächenbestimmung von Vielecken zurückgeführt.

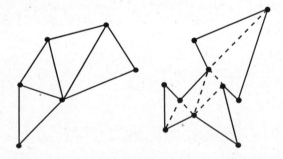

Da sich jedes Vieleck in Dreiecke zerlegen läßt, müssen wir wegen der *Additivität* lediglich eine Methode zur Bestimmung des Flächeninhalts von Dreiecken finden. Wir werden im folgenden allerdings zunächst auf den Flächeninhalt von Parallelogrammen eingehen.

3.3 Flächeninhalt von Parallelogrammen

Es gilt der

Satz 2
Ein Parallelogramm mit einer Grundseite der Länge g cm und einer Höhe der Länge h cm hat den Flächeninhalt $F = (g \cdot h)$ cm^2. g und h dürfen dabei beliebige positive reelle Zahlen sein.

Beweis
Der Flächeninhalt von Parallelogrammen läßt sich bekanntlich durch geschicktes Zerschneiden wie folgt ermitteln:

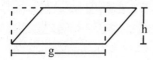

$$F = (g \cdot h) \text{ cm}^2$$

Dabei wird auf die Gesetze der Flächengleichheit kongruenter Figuren und auf die Additivität des Flächenmaßes zurückgegriffen. Allerdings muß man etwas länger nachdenken, um die Flächenformel auch im folgenden Fall, bei dem die Höhe *außerhalb* des Parallelogramms liegt, als gültig nachzuweisen:

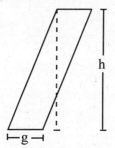

Hier müssen wir das Parallelogramm folgendermaßen in zwei Teile zerlegen:

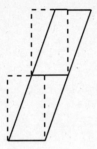

Diese Figur läßt sich offensichtlich wieder zu einem Rechteck mit dem Flächeninhalt F = (g · h) cm² zusammensetzen.

3.4 Flächeninhalt von Dreiecken

Die folgenden beiden Abbildungen verdeutlichen, daß jedes Dreieck durch passendes Anlegen eines kongruenten Dreiecks in ein Parallelogramm gleicher Höhe und Grundseite umgewandelt werden kann.

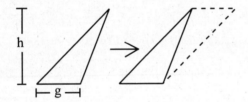

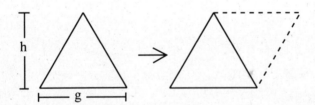

Also gilt

Satz 3
Ein Dreieck mit der Grundseite der Länge g cm und der Höhe der Länge h cm hat den Flächeninhalt

$$F = 0{,}5 \cdot g \cdot h \ cm^2.$$

g und h dürfen dabei beliebige positive reelle Zahlen sein.

Aufgabe

(7) Leiten Sie die Formel für die Bestimmung des Flächeninhaltes von beliebigen Trapezen her.

3.5 Flächeninhalt von Einheitskreisen - die Kreiszahl π

Die Maßzahl des Flächeninhalts eines Kreises mit einem Radius der Länge 1 cm (derartige Kreise werden *Einheitskreis* genannt) wird als π bezeichnet. Ein Einheitskreis hat also den Flächeninhalt π cm^2.

Die Bestimmung dieser Maßzahl ist ein Beispiel für die näherungsweise Berechnung der Fläche krummlinig begrenzter Figuren.

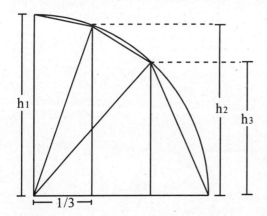

Anstelle einer Betrachtung des Vollkreises bestimmen wir den Flächeninhalt des Viertelkreises. Dabei wird einer der den Viertelkreis begrenzenden Radien in n gleichgroße Teile geteilt. Der Viertelkreis wird dann angenähert ausgemessen durch n - 1 Trapeze und ein Dreieck. Die Flächeninhalte der Trapeze bestimmen wir mit der Gleichung

$$F = \frac{1}{2} \cdot (a + b) \cdot h \ cm^2$$

Wir müssen also zunächst die Höhen bestimmen.

Es ist $h_1 = 1$

Mit dem Satz des Pythagoras gilt:

$$1^2 = h_2^2 + (\frac{1}{3})^2$$

$$\Rightarrow h_2 = \sqrt{1 - \frac{1}{9}} = \sqrt{\frac{8}{9}} \approx 0{,}942809$$

Entsprechend gilt

$$h_3 = \sqrt{1 - (\frac{2}{3})^2} = \sqrt{\frac{5}{9}} \approx 0{,}745356$$

Das erste Trapez hat damit die Fläche

$$F_1 \approx \frac{1 + 0{,}942809}{2} \cdot \frac{1}{3} \ cm^2 \approx 0{,}323802 \ cm^2$$

Das zweite Trapez hat die Fläche

$$F_2 \approx \frac{0{,}942809 + 0{,}745356}{2} \cdot \frac{1}{3} cm^2 \approx 0{,}281361 \ cm^2$$

Das Dreieck hat die Fläche

$$F_3 \approx \frac{1}{2} \cdot 0{,}7455356 \cdot \frac{1}{3} \ cm^2 \approx 0{,}124226 \ cm^2$$

Damit gilt:

$$F_1 + F_2 + F_3 \approx 0{,}729389 \ cm^2 < \frac{\pi}{4} \ cm^2$$

⇒ 2,917556 < π

Für eine Abschätzung von π benötigen wir allerdings noch eine obere Schranke. Der Einfachheit halber legen wir Rechtecke so, daß sie den Kreis überdecken:

Da alle maßgeblichen Größen bestimmt sind, können wir unmittelbar notieren:

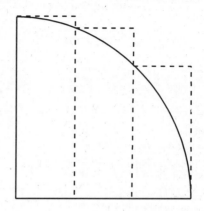

$$\pi < 4 \ (\frac{1}{3} \cdot 1 \ + \ \frac{1}{3} \cdot 0{,}942809 \ + \ \frac{1}{3} \cdot 0{,}745356) \ \approx \ 3{,}584220$$

Wir haben also π eingeschachtelt durch
2,917 < π < 3,585

Wahrlich keine aufregende Näherung!

Mit einer Einteilung n = 10 erhalten Sie als Näherung
3,12 < π < 3,31
Dies zu überprüfen überlassen wir Ihnen!

Trotz des bereits recht hohen Rechenaufwandes haben wir damit bei n = 10 erst die "Vorkommastelle" von π mit "3" festgelegt.
Für wachsendes n erhalten wir (bei recht hohem Rechenaufwand) eine Folge von Werten, die π "von oben" und "von unten" mit immer höher Genauigkeit eingrenzen. Wir können π also auf diese Weise beliebig genau berechnen.

Aufgabe

(8) In der nebenstehenden Abbildung sehen Sie eine Skizze der Parabel mit der Gleichung
$y = -x^2 + 4$.

a) Bestimmen Sie näherungsweise die eingeschlossene Fläche.

b) Schlagen Sie in Ihren Unterlagen aus der Oberstufe nach, wie man diesen Flächeninhalt mit der Methode der *Integralrechnung* bestimmt.

3.6 Vergrößern und Verkleinern

Maßstabgerechte Vergrößerungen und Verkleinerungen von Figuren bezeichnet man als *zentrische Streckungen*:

Definition 1 (zentrische Streckung)

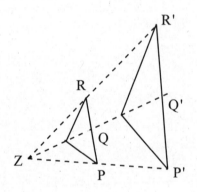

Z sei ein Punkt der Ebene. $k \neq 0$ sei eine reelle Zahl. Die *zentrische Streckung an Z mit dem Streckfaktor k* ordnet jedem Punkt der Ebene einen Bildpunkt wie folgt zu:

(1)   Z wird auf sich abgebildet.

(2.1)   Sei $P \neq Z$. Wenn k *positiv* ist, verlängert man die Strecke [Z P] über P hinaus. P' liegt auf dieser Verlängerung, wobei die Länge von [Z P'][5] das k-fache der Länge von [Z P] ist.

(2.2)   Sei $P \neq Z$. Wenn k *negativ* ist, verlängert man die Strecke [P Z] über Z hinaus. P' liegt auf dieser Verlängerung, wobei wieder die Länge von [Z P'] das $|k|$-fache der Länge von [Z P] ist.[6]

---

[5]   [ZP'] ist diejenige Strecke, die die Punkte Z und P' miteinander verbindet.

[6]   Wir müssen hier mit dem Betrag $|k|$ von k arbeiten, da k gemäß Voraussetzung *negativ* ist.

Beispiele

Mit k = -2 bzw. k = 0,5 erhalten wir:

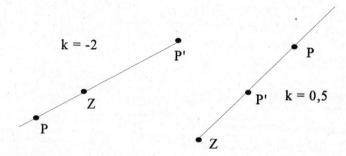

Die folgende Abbildung zeigt ein Fünfeck und sein Bild bei Streckung an Z mit dem Streckfaktor 3.

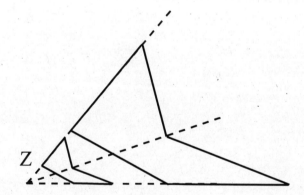

3.7 Eigenschaften der zentrischen Streckung

Satz 4
Gegeben sei die zentrische Streckung mit
dem Faktor k am Punkt Z. A und B seien
zwei Punkte A' und B' ihre Bildpunkte.
Dann gilt:
(1) Die Strecke [A' B'] ist das Bild der
     Strecke [A B].
(2) Das Verhältnis der Längen von
     [A' B'] zu [A B] ist gleich k.
(3) Die durch A und B verlaufende Ge-
     rade ist parallel zur Geraden durch
     A' und B'.

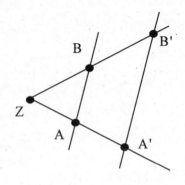

Beweis
Bei unseren Beweisüberlegungen beschränken wir uns auf einen ganzzahligen
Streckfaktor, und zwar speziell auf k = 2. Diese Beweisüberlegung läßt sich
jedoch ohne weiteres auf beliebige k und dann - wie in Abschnitt 3.1 - auf
beliebige rationale Streckfaktoren übertragen. Für irrationale k sind Grenz-
wertüberlegungen notwendig, deren exakte Ausführung über den Rahmen
dieser Einführung hinausgeht.

Zunächst zeigen wir (1), also: Die Strecke [A' B'] ist das Bild der Strecke
[A B]. Den Beweis dieser Teilaussage führen wir in zwei Teilschritten:
a) Wenn ein Punkt C auf [A B] liegt, dann liegt sein Bildpunkt C' auf [A' B'].
b) Wenn ein Punkt D' auf [A' B'] liegt, dann liegt sein Urbild D auf [A B].

Der Beweis benötigt einen Hilfssatz, der hier unbewiesen bleibt:

Hilfssatz
$g_1, g_2, g_3, \ldots$ sei eine Schar paralleler Geraden.
h und k seien Geraden, die nicht parallel zu g $_1$ sind.
Dann gilt:
Wenn die Parallelenschar aus h gleichlange Streckenstücke herausschneidet,
dann auch aus k.

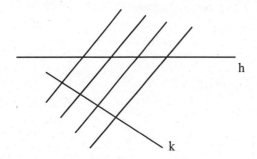

Wir beweisen jetzt zunächst a).
Gegeben sind die Punkte A, B, Z, A', B' sowie ein Punkt C auf [A B]. Wir müssen zeigen, daß das Bild C' von C auf [A' B'] liegt.

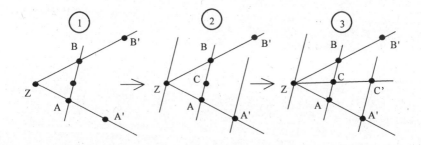

Dazu wird zunächst der Bildpunkt C' konstruiert:
g_{AB} sei die durch A und B verlaufende Gerade (Bild ①). Wir konstruieren die Parallelen zu g_{AB} durch Z sowie durch A' (Bild ②). Ferner zeichnen wir die Gerade g_{ZC}. Diese schneidet die durch A' verlaufende Parallele zu g_{AB} in C' (Bild ③). Die drei Parallelen schneiden aus der Geraden durch Z und A gleich lange Stücke heraus, nämlich [Z A] und [A A'], also ebenso auch aus der Geraden durch Z und C.
Also ist [Z C'] doppelt so lang wie [Z C], C' ist das Bild von C unter der gegebenen zentrischen Streckung.

Wir müssen jetzt noch zeigen, daß C' auf [A' B'] liegt. Bis jetzt wissen wir lediglich, daß C' auf der Parallelen zu g_{AB} durch A' liegt. Es ist also zu zeigen, daß die Parallele zu g_{AB} durch A' die Gerade g_{ZB} in B' schneidet. Wir begründen dies in entsprechender Weise:
Die Parallele zu g_{AB} durch A' schneidet die Gerade g_{ZB} in einem Punkt B°.

Gemäß dem Hilfssatz ist [Z B] genauso lang wie [B B°]. Dasselbe gilt für [Z B] und [B B'].
Also ist B° = B'

Wir müssen jetzt die Teilaussage b) beweisen: Wenn ein Punkt D' auf [A' B'] liegt, dann liegt sein Urbild D auf [A B].

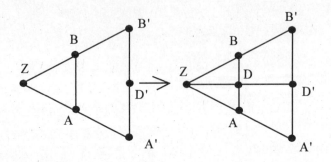

Gegeben seien A, B, Z, A', B' sowie ein Punkt D' auf [A' B']. Der Punkt D auf [A B] wird gemäß Zeichnung konstruiert. Wie in den Überlegungen zu a) sieht man, daß D Urbild von D' unter der gegebenen zentrischen Streckung ist. (Vgl. Abbildung)

Zu (2)
Wir müssen zeigen:
Das Verhältnis der Längen von [A' B'] zu [A B] ist gleich k.

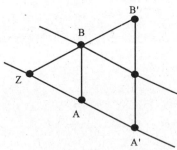

Die nebenstehende Zeichnung vermittelt die Beweisidee.

Zu (3)
Die Behauptung folgt unmittelbar aus den Ausführungen zu (1)

Aufgabe

(9) Führen Sie den Beweis zu (2) durch

3.8 Längen- und Flächenverhältnisse bei zentrischer Streckung

Wir haben im vorigen Abschnitt gesehen, daß bei zentrischer Streckung einer Strecke die Bildstrecke die k-fache Länge der Ausgangsstrecke hat. Da jede krumme Linie beliebig genau durch Streckenzüge angenähert werden kann, gilt dieser Satz auch für krumme Linien.

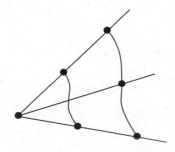

Aus demselben Grund können wir Erkenntnisse über das Flächenverhältnis zwischen einer Figur und ihrer Bildfigur bei zentrischer Streckung aus der Betrachtung der Streckung von Vielecken gewinnen:

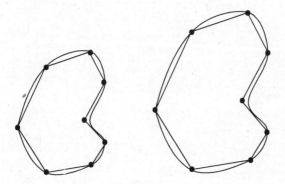

Da Vielecke aus Dreiecken zusammengesetzt werden können, brauchen wir nur über das Flächenverhältnis zwischen Dreieck und Bild-Dreieck nach-zudenken.

92

Hier gilt:

Satz 5
ABC sei ein Dreieck. A'B'C' sei das Bilddreieck von ABC bei zentrischer Streckung an Z mit dem Faktor k $\neq$ 0. F sei der Flächeninhalt von ABC, F' sei der Flächeninhalt von A'B'C'. Dann gilt:

$$F' : F = k^2$$

Beweis
Es genügt, den Fall k > 0 zu betrachten.

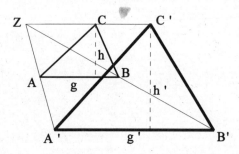

Es gilt mit Satz 4:

$$\frac{F'}{F} = \frac{\dfrac{g' \cdot h'}{2}}{\dfrac{g \cdot h}{2}} = \frac{g' \cdot h'}{g \cdot h} = \left(\frac{g'}{g}\right) \cdot \left(\frac{h'}{h}\right) = k^2$$

Allgemein gilt:

Satz 6
Sei $\mathcal{F}$ eine ebene Figur mit dem Flächeninhalt F, $\mathcal{F}$' ihr Bild bei zentrischer Streckung an Z mit Streckfaktor k. F' sei der Flächeninhalt von $\mathcal{F}$'. Dann gilt:

$$F' : F = k^2$$

Wir verzichten hier auf einen Beweis. Am Beispiel der nun folgenden Bestimmung von Umfang und Flächeninhalt des Kreises werden Grundzüge des allgemeinen Beweises deutlich.

Aufgabe

(10) Formulieren Sie Satz 5 sinngemäß für
a) Parallelogramme
b) Rechtecke
Beweisen Sie diese beiden Sätze.

4 Umfang und Flächeninhalt von Kreisen

Ein Kreis mit dem Radius der Länge r cm und dem Mittelpunkt M kann als Bild der zentrischen Streckung des Einheitskreises an M mit dem Streckfaktor r gedeutet werden. Von dieser Überlegung ausgehend können die Gleichungen für Umfang und Flächeninhalt des Kreises mit einem Radius der Länge r cm aus den Gleichungen für Umfang und Flächeninhalt des Einheitskreises abgeleitet werden.

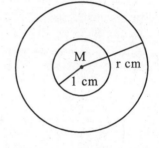

Satz 7
Der Kreis mit dem Radius der Länge r cm hat den Flächeninhalt $F_\circ(r) = \pi \cdot r^2$ cm^2 und den Umfang $U_\circ(r) = 2\pi r$ cm.

4.1 Umfang des Einheitskreises

In diesem und den folgenden Abschnitten setzen wir "naiv" die *Existenz* von Maßzahlen für Umfang und Flächeninhalt beliebiger Kreise voraus. [7] Ausgehend von der Maßzahl des Flächeninhalts des Einheitskreises bestimmen wir zunächst die Maßzahl des Kreisumfangs.
Dabei stellen wir uns vor, daß der Kreis zunächst durch regelmäßige n-Ecke dargestellt wird. Bild 1 zeigt ein regelmäßiges Sechseck im Einheitskreis zusammen mit dem "vergrößerten" Sechseck im Kreis mit dem Radius der Länge r cm.

---

[7] Die Ausführungen in Abschnitt 4.5 werden deutlich machen, daß die Existenz von Flächeninhalt und Umfang "endlich scheinender" Figuren durchaus *nicht* selbstverständlich ist.

94

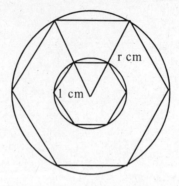

Bild 1

Das regelmäßige n-Eck läßt sich in n Dreiecke zerlegen. In Bild 2 sehen wir als Ausschnitt ein solches Dreieck, sowohl innerhalb des Einheitskreises als auch vergrößert im Kreis mit dem Radius r cm [8]. $g_n(r)$, $h_n(r)$, $h_n(1)$ und $g_n(1)$ seien die Längen der jeweiligen Grundseiten und Höhen in cm.

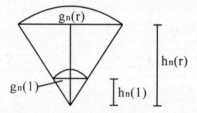

Bild 2

Wir berechnen zunächst den Flächeninhalt des regelmäßigen n-Ecks aus den n Teil-Dreiecken:

$$F_n(1) = n \cdot [\ \frac{1}{2} \cdot g_n(1) \cdot h_n(1)]$$

Daraus folgt:

---

[8] Für eine leichtere Lesbarkeit des Textes schreiben wir im folgenden "... mit Radius r cm" anstelle "... mit einem Radius der Länge r cm"

$$2F_n(1) = n \cdot g_n(1) \cdot h_n(1)$$

Da $n \cdot g_n(1)$ der Umfang $U_n(1)$ des regelmäßigen n-Ecks ist, können wir schreiben:

$$2F_n(1) = U_n(1) \cdot h_n(1)$$

Wenn jetzt n "gegen Unendlich strebt", nähert sich das regelmäßige n-Eck immer genauer dem Kreis an. Für $n \rightarrow \infty$ gilt:

$$F_n(1) \rightarrow F_\odot(1) \qquad U_n(1) \rightarrow U_\odot(1) \qquad h_n(1) \rightarrow 1 \text{ cm}$$

Dabei sei $F_\odot(1)$ der Flächeninhalt des Einheitskreises, also π cm^2; $U_\odot(1)$ sei der gesuchte Umfang des Einheitskreises. Insgesamt erhalten wir beim Übergang $n \rightarrow \infty$:

$$2F_\odot(1) = U_\odot(1) \cdot 1 \text{ cm}$$

Daraus folgt:

$$2\pi \text{ cm} = U_\odot(1)$$

4.2 Flächeninhalt des Kreises mit dem Radius r cm

Wir beginnen auch hier mit der Bestimmung für den Flächeninhalt des regelmäßigen n-Ecks, das in den Einheitskreis einbeschrieben ist.

$$F_n(1) = n \cdot \frac{1}{2} \cdot g_n(1) \cdot h_n(1)$$

Durch zentrische Streckung mit dem Streckfaktor r am Kreismittelpunkt erhalten wir ein regelmäßiges n-Eck, das dem Kreis mit dem Radius r cm einbeschrieben ist. Dieses n-Eck hat die Fläche:

$$F_n(r) = n \cdot \frac{1}{2} \cdot (r \cdot g_n(1)) \cdot (r \cdot h_n(1))$$

Daraus folgt:

$$F_n(r) = r^2 \cdot n \cdot \frac{1}{2} \cdot g_n(1) \cdot h_n(1)$$

Daraus folgt:

$$F_n(r) = r^2 \cdot F_n(1)$$

Auch hier gilt wieder:

Wenn n "gegen Unendlich strebt", nähert sich das regelmäßige n-Eck immer genauer dem Kreis an. Für n→∞ gilt:

$$F_{\circ}(r) = r^2 \cdot F_{\circ}(1) = r^2 \cdot \pi \text{ cm}^2$$

4.3 Umfang des Kreises mit dem Radius r cm

Den Nachweis der Gleichung für den Umfang des Kreises mit dem Radius r cm überlassen wir Ihnen (vgl. die folgende Aufgabe).

Aufgabe

(11) Leiten Sie die Gleichung für den Umfang des Kreises mit dem Radius r cm her.
a) Gehen Sie vor wie in 4.1; leiten Sie also die Gleichung für den Umfang her unter Benutzung der Gleichung für den Flächeninhalt.
b) Gehen Sie vor wie in 4.2; leiten Sie also die Gleichung für den Umfang her unter Benutzung der Gleichung für den Umfang des Einheitskreises.

4.4 Eine Alternative zur Bestimmung des Kreisumfangs aus der Kreisfläche

Das folgende Verfahren zur Ermittlung des Kreisumfangs (wenn die Gleichung für die Kreisfläche bekannt ist) hat den Vorteil, daß es sich auf einige andere Figuren übertragen läßt.

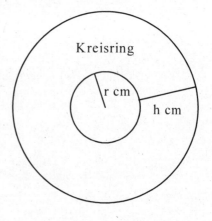

Der Flächeninhalt des inneren Kreises ist

$$F_{in} = \pi \cdot r^2 \text{ cm}^2.$$

Der äußere Kreis hat den Flächeninhalt

$$F_{\text{äu}} = \pi \cdot (r + h)^2 \text{ cm}^2$$
$$= (\pi r^2 + 2\pi rh + \pi h^2) \text{ cm}^2$$

Damit hat der Kreisring die Fläche

$$F_{\text{äu}} - F_{\text{in}} = (2\pi rh + \pi h^2) \text{ cm}^2$$

Wir bezeichnen jetzt den Umfang des inneren Kreises mit $U(r)$, den Umfang des äußeren Kreises mit $U(r + h)$. Wenn man sich jetzt $U(r) \cdot h$ und $U(r + h) \cdot h$ jeweils als Flächeninhalt von Rechtecken vorstellt, wird die folgende Ungleichungskette - bei der wir der Übersichtlichkeit halber auf die Maßangaben in cm verzichten - unmittelbar klar:

$$U(r) \cdot h \leq 2\pi rh + \pi h^2 \leq U(r + h) \cdot h$$

Daraus folgt:

$$U(r) \leq 2\pi r + \pi h \leq U(r + h)$$

Wir lassen jetzt h "unendlich klein werden" (d.h., gegen 0 konvergieren). Dann bleibt $U(r)$ unverändert, der Ausdruck $2\pi r + \pi h$ strebt gegen $2\pi r$, und $U(r + h)$ strebt gegen $U(r)$.
Damit ergibt sich:

$$U(r) \leq 2\pi r \leq U(r)$$

Daraus folgt unmittelbar die gesuchte Gleichung:

$$U(r) = 2\pi r \text{ cm}$$

Aufgaben

(12) Für das Volumen einer Kugel mit Radius r cm gilt: $V = \dfrac{4}{3}\pi r^3 \text{ cm}^3$.

Leiten Sie mit dem soeben beschriebenen Verfahren die Gleichung für den Flächeninhalt der Kugeloberfläche her.

(13) Der "Radius" eines Quadrates sei gemäß Abbildung gegeben. Damit beträgt der Flächeninhalt des Quadrates $F(a) = 4a^2 \text{ cm}^2$.
Wenden Sie die in diesem Abschnitt beschriebene Methode zur Umfangsbestimmung auf diese Figur an. Was ergibt sich?

4.5 Probleme mit Umfang und Flächeninhalt geschlossener Figuren

Wir haben in den vorigen Abschnitten häufig davon gesprochen, daß wir die *Existenz* des Umfangs bzw. des Flächeninhalts ebener Figuren "naiv" voraussetzen. Das folgende Beispiel soll zeigen, daß es beim Umgang mit diesen Begriffen durchaus zu "paradoxen" Situationen kommen kann.

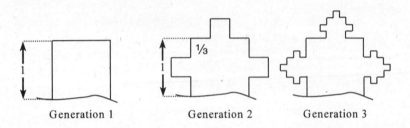

Generation 1   Generation 2   Generation 3

Wir sehen hier die ersten drei Generationen eines "ebenen Kaktus".
Dieser Kaktus entwickelt sich wie folgt:
– Der Keimling - Generation 1 - ist ein Quadrat mit der Seitenlänge 1 cm, dessen untere Seite fehlt, damit die "Pflanze" sich den Unebenheiten des Bodens anpassen kann.
– In der zweiten Generation hat die Pflanze an allen Seiten einen Keimling angesetzt. Dieser nimmt genau ein Drittel der Seitenlänge ein und hat wiederum die Form eines Quadrates.
– In der dritten Generation hat sich der Prozeß entsprechend fortgesetzt.

Wir fragen uns:
1. Welchen Umfang hat unser Kaktus in der n-ten Generation, und welchen Flächeninhalt hat er dann?
2. Welchen Umfang hat der Kaktus, wenn wir n gegen Unendlich gehen lassen? Welchen Flächeninhalt hat der Kaktus dann?

Zunächst bestimmen wir den Umfang $U(n)$ in der n-ten Generation. Durch Auszählen der entsprechenden Seiten unter Beachtung ihrer jeweiligen Längen erhalten wir:

n = 1: $U(1) = 3$ cm   n = 2: $U(2) = 5$ cm $= U(1) + 2$ cm
n = 3: $U(3) = 7$ cm $= U(2) + 2$ cm

Überlegen Sie bitte selbst eine allgemeine Begründung für die damit auf der Hand liegende Schlußfolgerung (vgl. Aufgabe 12).

$$U(n) = [3 + (n - 1) \cdot 2] \text{ cm}$$

Die Entwicklung der Flächeninhalte ist wie folgt (auch hier überlegen Sie bitte selbst, warum dies so ist):

$n = 1$: $F(1) = 1 \text{ cm}^2$

$n = 2$: $F(2) = F(1) + 3 \cdot \left(\dfrac{1}{3} \right)^2 \text{ cm}^2 = F(1) + \dfrac{1}{3} \text{ cm}^2$

$n = 3$: $F(3) = F(2) + 9 \cdot \left(\dfrac{1}{9} \right)^2 \text{ cm}^2 = F(2) + \dfrac{1}{9} \text{ cm}^2$

Damit ergibt sich

$$F(n) = 1 + \frac{1}{3} + \frac{1}{9} + ... + \frac{1}{3^{(n-1)}} \text{ cm}^2$$

Da wir $U(n)$ bereits bestimmt haben, ist damit unsre erste Frage vollständig beantwortet: Der n-te Flächeninhalt $F(n)$ wird beschrieben durch eine geometrische Reihe mit dem Faktor $q = \dfrac{1}{3}$.

Allgemein gilt für geometrische Reihen (mit $q \neq 1$):

$$1 + q + q^2 + ... + q^{(n-1)} = \frac{1 - q^n}{1 - q}$$

Wir erhalten damit:

$$F(n) = \frac{1 - \dfrac{1}{3^n}}{1 - \dfrac{1}{3}} \text{ cm}^2 = \frac{3}{2} \left(1 - \frac{1}{3^n}\right) \text{ cm}^2 = 1{,}5 \left(1 - \frac{1}{3^n}\right) \text{ cm}^2$$

Damit können wir die zweite unserer Ausgangsfragen beantworten: Wenn der Kaktus unendlich lange wächst,
- strebt der Umfang der Figur gegen Unendlich, da in jeder Generation 2 cm zum Flächeninhalt hinzukommen.
- strebt die Maßzahl des Flächeninhalts der Figur gegen den Wert 1,5, da

$$\frac{1}{3^n} \text{ gegen 0 strebt.}$$

Wir erhalten damit eine Figur mit unendlichem Umfang, aber endlichem Flächeninhalt.

Aufgaben

(14) Begründen Sie in nachvollziehbarer Weise die Gleichungen für U(n) und F(n).

(15) Machen Sie aus unserem "Flachland-Kaktus" einen echten räumlichen Kaktus: dieser beginnt mit einem Würfel der Seitenlänge 1 cm. In der zweiten Generation werden ganz entsprechend zu unserem Beispiel auf jede Fläche (bis auf die Bodenfläche) Würfel der Seitenlänge $\frac{1}{3}$ cm gesetzt. Für n = 3, n = 4, ... wird entsprechend verfahren.
Was gilt jetzt für den Flächeninhalt der Oberfläche sowie für das Volumen in der n-ten Generation?
Wie verhält es sich mit Flächeninhalt und Volumen nach unendlich vielen Sprossungen?

5 Volumenbestimmung

5.1 Quadervolumen

Das Volumen von Körpern bestimmen wir analog zur Flächenmessung mit Hilfe einer normierten Maßeinheit. Wir wählen dazu einen Würfel der Kantenlänge 1 cm und ordnen ihm das Volumen 1 cm^3 zu.
Der am einfachsten auszumessende Körper ist der Quader. Für den Quader mit den Seitenlängen a cm, b cm und c cm gilt:

Satz 8
Ein Quader mit den Seitenlängen a cm, b cm und c cm hat das Volumen
$$V = a \cdot b \cdot c \text{ cm}^3.$$
a, b, c dürfen dabei beliebige positive reelle Zahlen sein.

Anmerkung:
Die Gleichung für das Volumen läßt sich auch deuten als
$$V = \text{Grundfläche} \cdot \text{Höhe}.$$

Beweis
Der Beweis erfolgt wie beim Rechteck in 3 Schritten:

1. Schritt: Nachweis für ganzzahlige Seitenlängen
2. Schritt: Nachweis für rationale Seitenlängen
3. Schritt: Nachweis für irrationale Seitenlängen

Die folgenden beiden Bilder verdeutlichen den Beweisgedanken für Quader mit *ganzzahligen* Seitenlängen, wobei hier zunächst nur die Grundfläche mit Würfeln ausgelegt ist.

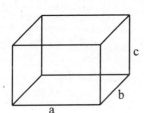 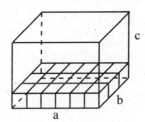

Schritt 2 und Schritt 3 werden analog zu 3.1 (Flächeninhalt von Rechtecken) durchgeführt.

5.2 Gerade Zylinder

Die für den Quader entwickelte Volumenformel gilt nicht nur für diesen Körper, sondern für alle sogenannten *geraden Zylinder*, wie wir in diesem Abschnitt zeigen werden. *Gerade Zylinder* sind wie folgt definiert:

Definition 2 (gerader Zylinder)
$\mathscr{F}$ sei eine ebene Figur. Ein Körper K heißt *gerader Zylinder* mit Grundfläche $\mathscr{F}$ und Höhe H, wenn K aus F entsteht, indem $\mathscr{F}$ senkrecht zur Ebene, in der $\mathscr{F}$ liegt, um die Länge von H verschoben wird.
Wenn $\mathscr{F}$ ein Vieleck ist, heißt K *gerades Prisma*.
Wenn $\mathscr{F}$ ein Kreis ist, heißt K *gerader Kreiszylinder*.

Satz 9
Jeder gerade Zylinder hat das Volumen

$$V = \text{Grundfläche} \cdot \text{Höhe}$$

102

Beweis

Zunächst betrachten wir das gerade Prisma mit dreieckiger Grundfläche.

Die dreieckige Grundfläche kann in ein Parallelogramm mit doppeltem Flächeninhalt und dieses in ein flächengleiches Rechteck umgewandelt werden. Die Flächen-Umwandlungen können durch Aneinandersetzen bzw. senkrechte Schnitte auf die jeweiligen Körper übertragen werden. Die beiden Abbildungen zeigen die entsprechenden Umwandlungen des Körpers.

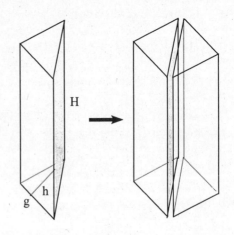

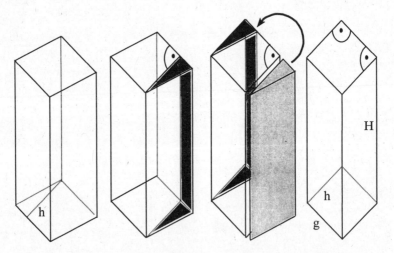

Damit ergibt sich für das gerade Prisma mit dreieckiger Grundfläche:

$$V = \frac{1}{2} \cdot g \cdot h \cdot H \ .$$

Da $F = \dfrac{1}{2} \cdot g \cdot h$ der Flächeninhalt der Grundfläche dieses Prismas ist, gilt

damit für das Prisma mit dreieckiger Grundfläche:

V = Grundfläche · Höhe

Da jedes Vieleck aus Dreiecken zusammengesetzt werden kann, gilt die Gleichung für jedes gerade Prisma.
Da schließlich krummlinig begrenzte Flächen durch Vielecke beliebig angenähert werden können, gilt der Satz wie behauptet für alle geraden Zylinder.

5.3 Pyramiden

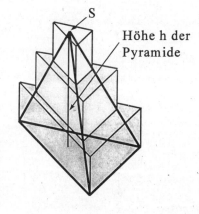

Das Volumen von Pyramiden läßt sich nicht so elementar wie das von Quadern oder Prismen ermitteln. Ähnlich wie bei der Ermittlung der Kreiszahl π müssen wir das Pyramidenvolumen durch eine Folge kleinerer und größerer Werte "einschachteln". Bei einer Pyramide mit dreieckigem Grundriß wählen wir dazu dreiseitige Prismen. Wir betrachten zunächst eine "Treppe" von dreieckigen Prismen, die die Pyramide von außen umschließt.
Das unterste Prisma hat das Volumen

$$V_3 = \frac{1}{3} \cdot G_3 \cdot h = \frac{1}{3} \cdot G \cdot h$$

Im vorliegenden Fall - bei dem die Kanten der Pyramide gedrittelt wurden - ergeben sich die Grundflächen G_1 und G_2 aus G_3 durch zentrische Streckung mit dem Zentrum S und dem Faktor $\dfrac{2}{3}$ bzw. $\dfrac{1}{3}$.

Gemäß Satz 6 verhalten sich die Flächeninhalte zueinander wie das Quadrat des Streckfaktors. Es gilt also:

$$G_2 = (\frac{2}{3})^2 \cdot G_3 \qquad G_1 = (\frac{1}{3})^2 \cdot G_3$$

Wir wollen V nach oben abschätzen und wissen, daß $V \leq V_1 + V_2 + V_3$ sowie $G_3 = G$ gilt (V_1 und V_2 seien die Volumina des mittleren / oberen Prismas). Wir erhalten:

$$V \leq V_1 + V_2 + V_3$$

$$= \frac{1}{3} \cdot h \cdot \frac{1^2}{3^2} \cdot G + \frac{1}{3} \cdot h \cdot \frac{2^2}{3^2} G + \frac{1}{3} h \cdot G$$

$$= \frac{1}{3} h \cdot \frac{1^2}{3^2} \cdot G + \frac{1}{3} \cdot h \cdot \frac{2^2}{3^2} G + \frac{1}{3} h \cdot \frac{3^2}{3^2} \cdot G$$

$$= \frac{G \cdot h}{3^3} (1^2 + 2^2 + 3^2)$$

Wenn wir das unterste Prisma entfernen und alle anderen Prismen entsprechend absenken, erhalten wir eine in die Pyramide eingebettete Prismentreppe, deren Volumen kleiner ist als das der Pyramide. Sie hat das Volumen

$$\frac{1}{3} \cdot h \cdot \frac{1^2}{3^2} G + \frac{1}{3} \cdot h \cdot \frac{2^2}{3^2} G$$

$$= \frac{G \cdot h}{3^3} (1^2 + 2^2)$$

Wir erhalten insgesamt:

$$\frac{G \cdot h}{3^3} (1^2 + 2^2) \leq V \leq \frac{G \cdot h}{3^3} (1^2 + 2^2 + 3^2)$$

Wir verallgemeinern dies jetzt auf eine n-fache Unterteilung der Pyramidenkanten und erhalten:

$$\frac{G \cdot h}{n^3} (1^2 + 2^2 + ... + (n-1)^2) \leq V \leq \frac{G \cdot h}{n^3} (1^2 + 2^2 + ... + n^2)$$

Wir können die Summe $1^2 + 2^2 + ... + n^2$ durch einen geschlossenen Ausdruck ersetzen, den wir hier ohne Beweis benutzen:

$$1^2 + 2^2 + ... + n^2 = \frac{1}{3} n (n + \frac{1}{2}) (n + 1)$$

Daraus folgt:

$$1^2 + 2^2 + \ldots + (n-1)^2 = \frac{1}{3}n\,(n + \frac{1}{2})\,(n+1) - n^2$$

Damit ergibt sich:

$$\frac{G \cdot h}{n^3}\,[\frac{1}{3}n\,(n+\frac{1}{2})\,(n+1) - n^2] \leq V$$

$$V \leq \frac{G \cdot h}{n^3}\,(\frac{1}{3}n\,(n+\frac{1}{2})\,(n+1))$$

Weiter gilt:

$$\frac{G \cdot h}{n^3}\,[\frac{1}{3}n\,(n+\frac{1}{2})\,(n+1) - n^2]$$

$$= \frac{G \cdot h}{3} \cdot \frac{n}{n} \cdot \frac{(n+\frac{1}{2})}{n} \cdot \frac{n+1}{n} - \frac{G \cdot h}{n}$$

$$= \frac{G \cdot h}{3} \cdot (1 + \frac{1}{2n})\,(1 + \frac{1}{n}) - \frac{G \cdot h}{n}$$

Wir können deshalb die Ungleichungskette umformen zu:

$$\frac{G \cdot h}{3} \cdot (1 + \frac{1}{2n})\,(1 + \frac{1}{n}) - \frac{G \cdot h}{n} \leq V$$

$$V \leq \frac{G \cdot h}{3} \cdot (1 + \frac{1}{2n})\,(1 + \frac{1}{n})$$

Für $n \to \infty$ streben die Werte $\frac{1}{2n}, \frac{1}{n}, \frac{G \cdot h}{n}$ gegen 0. Durch "Grenzübergang" erhalten wir:

$$\frac{G \cdot h}{3} \cdot 1 \cdot 1 - 0 \leq V \leq \frac{G \cdot h}{3} \cdot 1 \cdot 1$$

Damit gilt:

$$\frac{G \cdot h}{3} \leq V \leq \frac{G \cdot h}{3}$$

Wir haben damit bewiesen:

Satz 10

Die Grundfläche einer Pyramide mit dreieckigem Grundriß habe den Flächeninhalt G cm². Die Höhe der Pyramide sei h cm. Dann hat die Pyramide das Volumen

$$V = \frac{G \cdot h}{3} \ cm^3 \ .$$

Aufgaben

(16) Die Formel für den Flächeninhalt von Dreiecken läßt sich mit einem Ansatz herleiten, der dem für das Pyramidenvolumen entspricht. Führen Sie den Beweis. Sie benötigen die Summenformel

$$1 + 2 + ... + n = \frac{n \cdot (n + 1)}{2}$$

(17) a) Suchen Sie in einem Schulbuch der Primarstufe nach den Abschnitten, in denen Längen, Flächen und Volumina behandelt werden. In welcher Tiefe wird das jeweilige Thema behandelt?

b) Besorgen Sie sich die Richtlinien Ihres Bundeslandes für den Grundschulunterricht. Lesen Sie nach, was dort zum Thema Längen, Flächen, Volumina steht.

(18) Auch die nebenstehende Zeichnung könnte für die Berechnung des Pyramidenvolumens verwendet werden. Die Überlegungen sind allerdings nur korrekt, wenn man bestimmte Voraussetzungen über die Form der Pyramide macht. Welche sind das?

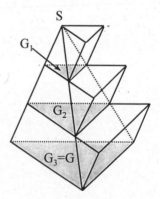

III Den Raum erkunden

1 Einleitung

Nachdem wir im letzten Kapitel bereits das Volumen verschiedener mathematischer Körper bestimmt haben, beschäftigen wir uns hier noch einmal mit dem Thema Körper. Dabei setzen wir allerdings einen anderen Schwerpunkt und konzentrieren uns auf solche Aktivitäten, die mit dem didaktisch-psychologischen Aspekt der Raumvorstellung verbunden sind.

"Die Intelligenzdimension Raumvorstellung hat im wesentlichen drei Aspekte, die als Unterfaktoren nachgewiesen werden konnten, wenngleich deren Unabhängigkeit noch nicht eindeutig feststeht.
a) Räumliche Orientierung (spatial orientation). Das ist die Fähigkeit, sich wirklich oder gedanklich im Raum zu bewegen. Es geht dabei also um die richtige räumliche Einordnung der eigenen Person (Flugzeugführer, Autofahrer, Spaziergänger).
b) Räumliches Vorstellungsvermögen (spatial visualization).
Das ist die Fähigkeit, räumliche Objekte oder Beziehungen auch bei deren Abwesenheit reproduzieren zu könne, sei es durch Sprache oder Handlungen (Bauen, Zeichnen, Skizzieren)
c) Räumliches Denken (spatial thinking). Das ist die Fähigkeit, mit räumlichen Vorstellungsinhalten beweglich umgehen zu könne. Dazu müssen Handlungen an Objekten (räumliche Verschiebungen, Drehungen, Lageveränderungen) verinnerlicht worden sein." (Besuden [2], S. 64,65)

Die didaktische Literatur enthält vielfältige Übungen zur Förderung der Raumvorstellung. Als Beispiel nennen wir die lesenswerte Arbeit von Yackel & Wheatley [17]. Es ist kaum überraschend, daß diese Übungen häufig in unmittelbarem Zusammenhang mit dem Thema Körper stehen. Besonders fruchtbar wird dies in der Arbeit von Besuden [3] über Kippfolgen mit einer Streichholzschachtel genutzt.
Wie oben erwähnt, betrachten auch wir in diesem Kapitel das Thema Körper schwerpunktmäßig unter dem Aspekt der Raumvorstellung. Dabei wird zunächst mit der Abwicklung von Körpern Grundschulstoff systematisiert; bei der Berechnung von Faltmodellen benötigen wir unsere Raumvorstellung für die mathematische Durchdringung des Gebietes. Das Kapitel endet mit einigen Übungen zur Schulung der Raumvorstellung, die Sie auch mit "ihren" Kindern durchführen können. Sie werden aber feststellen, daß Sie als Erwachsene

häufig erhebliche Schwierigkeiten mit diesen Aufgaben haben.

Aufgabe

(1) Suchen Sie in zwei Schulbuchwerken Seiten, die das Thema Raumvorstellung behandeln. Analysieren Sie, um welche Aspekte der Raumvorstellung es sich jeweils handelt.

2 Abwicklungen von Körpern (Netze)

Wenn wir das Papiermodell eines Körpers an den Kanten so geschickt auf-
schneiden, daß wir es in die Fläche aufklappen können (ohne daß es ausein-
anderfällt), entsteht das Netz dieses Körpers. In den folgenden Abschnitten
untersuchen wir derartige Netze unter verschiedenen Aspekten.

2.1 Würfel

Das Würfelnetz besteht aus sechs Quadraten; das bekannteste Würfelnetz ist
sicher:

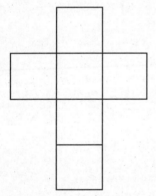

Dieses Netz ist einfach zu zeichnen und läßt sich leicht ausschneiden und zu
einem Würfel zusammenkleben.

Wir wollen in diesem Abschnitt systematisch alle verschiedenen Würfelnetze
bestimmen. Dazu gehen wir folgendermaßen vor: zunächst überlegen wir, wie
viele Würfelnetze es gibt, bei denen genau vier Quadrate waagerecht nebeneinander oder senkrecht übereinander liegen.
Dann bestimmen wir die Würfelnetze mit genau drei und dann die Würfelnetze

mit genau zwei Quadraten über - bzw. nebeneinander.

Aufgabe

(2) Warum kann es keine Würfelnetze mit sechs oder fünf Quadraten nebeneinander oder übereinander geben?

Bemerkung
Wir versuchen hier, alle verschiedenen Würfelnetze zu bestimmen. Als
"gleich" gelten zwei Würfelnetze, wenn man sie durch Spiegelung oder Drehung auf einander abbilden kann. Zum Beispiel sind folgende Würfelnetze
jeweils "gleich":

1)

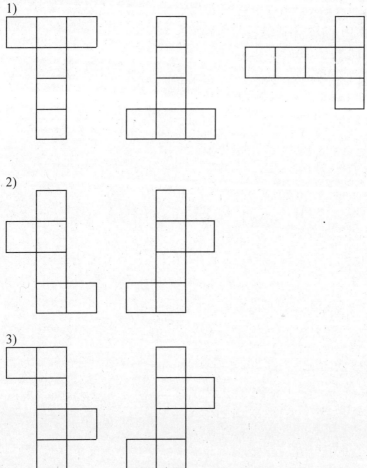

2)

3)

Beim Beispiel 1) wird das erste Würfelnetz gedreht, um es in die anderen beiden Netze zu überführen. Beim Beispiel 2) wird das linke Netz an einer senkrechten Achse gespiegelt, beim Beispiel 3) an einer waagerechten Achse.

Doch nun zur genauen Bestimmung aller möglichen Würfelnetze [1]. Wir folgen der angegebenen Systematik.

(1) *Würfelnetze, bei denen vier Quadrate übereinander liegen*[2]
Bei derartigen Netzen muß das eine der beiden fehlenden Quadrate links von diesen vier Quadraten gelegt werden, das andere rechts.

Für die zwei Quadrate gibt es

theoretisch folgende 8 Positionen

1		5
2		6
3		7
4		8

Über oder unter die vier Quadrate können wir kein Quadrat mehr hinzufügen, da wir dann fünf Quadrate übereinander haben.
Setzen wir das erste Quadrat auf die Position 1, so bleiben für das zweite Quadrat noch die Positionen 5 bis 8. Somit erhalten wir folgende Netze:

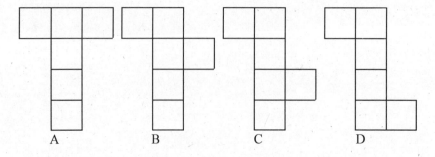

A   B   C   D

Setzen wir das erste Quadrat auf die Position 2, so bleiben für das zweite Quadrat noch die Positionen 6 und 7. (Wenn wir das zweite Quadrat auf die Position 5 bzw. 8 setzen, so erhalten wir die Würfelnetze B bzw. C). Zusätzlich ergeben sich also die zwei folgenden neuen Würfelnetze:

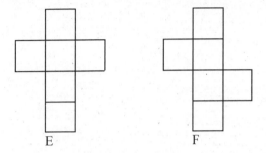

E   F

Setzen wir das erste Quadrat auf die Position 3, so erhalten wir nach einer Spiegelung und Drehung die gleichen Würfelnetze wie bei der Position 2. Setzen wir das erste Quadrat auf die Position 4, so erhalten wir nach einer Spiegelung und Drehung die gleichen Würfelnetze wie bei der Position 1. Es gibt also genau sechs verschiedene Würfelnetze mit vier senkrecht übereinanderliegenden Quadraten.

Aufgabe

(3) Begründen Sie, warum die beiden fehlenden Quadrate nicht beide links von den übereinander liegenden vier Quadraten liegen können.

Wir betrachten nun den nächsten Fall:

(2) *Würfelnetze, bei denen drei Quadrate übereinander liegen*
Die drei fehlenden Quadrate können wir hier theoretisch wie folgt zeichnen:
    a) als drei übereinander oder nebeneinander liegende Quadrate,
    b) als zwei übereinander oder nebeneinander liegende Quadrate und ein einzelnes Quadrat, oder
    c) als drei einzelne Quadrate.

Zunächst behandeln wir den

Fall a): *drei Quadrate liegen übereinander oder nebeneinander*
Da folgende Netze keine Würfelnetze sind, ...

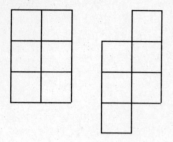

... erhalten wir hier nur ein neues Würfelnetz:

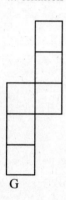

G

Alle anderen denkbaren Würfelnetze stellen eine Spiegelung bzw. Drehung dieses Netzes dar. Zum Beispiel:

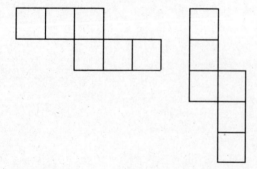

Aufgabe

(4) Schreiben Sie systematisch alle weiteren möglichen Lagen der drei Quadrate in diesem Fall auf. Zeigen Sie, daß diese Lagen entweder kein

Würfelnetz ergeben oder gleich einem der bereits gewonnenen Netze sind.

Fall b): *zwei Quadrate liegen waagerecht nebeneinander oder senkrecht übereinander*

Für die waagerechte Anordnung sind folgende Positionen denkbar:

1		4
2		5
3		6

Dabei müssen wir nur die Positionen 1 und 2 betrachten, da alle anderen Positionen aus Spiegelung und/oder Drehung derselben entstehen.
Legt man die zwei Quadrate auf Position 1, so kann man kein Würfelnetz erhalten, da beim Zusammenlegen zwei Quadrate aufeinander fallen und wir daher keinen Würfel erhalten. Es bleibt also uns nur noch Position 2. Für das letzte Quadrat bleiben noch folgende Positionen:

		a	
		b	
		c	

Legt man das fehlende Quadrat auf Position b, so erhält man ein Würfelnetz mit vier nebeneinanderliegenden Quadraten. Dieses Würfelnetz haben wir schon unter 1. betrachtet.
Position c entsteht aus Position a durch Spiegelung. Es bleibt uns also nur noch Position a.
Wir erhalten also nur *ein* "neues" Würfelnetz:

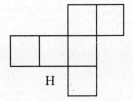

H

114

Versucht man die beiden Quadrate senkrecht übereinander an die drei Quadrate zu legen, so gibt es dafür nur eine sinnvolle Möglichkeit:

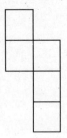

Aufgabe

(5) Zeigen Sie, daß alle anderen Möglichkeiten entweder ein Netz ergeben, daß sich nicht mehr zu einem Würfelnetz ergänzen läßt, oder Spiegelungen bzw. Drehungen dieses Netzes sind.

Für das letzte Quadrat bleiben noch drei Positionen:

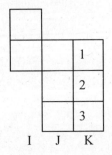

Wir erhalten also noch drei weitere Würfelnetze (da die Figur asymmetrisch ist, erhalten wir hier wirklich drei "verschiedene" Würfelnetze).

Fall c): *drei einzelne Quadrate*
Wenn wir versuchen, die drei Quadrate einzeln an die drei übereinander lie-

genden Quadrate zu legen, dann haben wir dafür nur eine Möglichkeit:

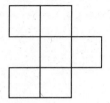

Dies ist offensichtlich kein Würfelnetz.

Damit kommen wir zum letzten Fall:

(3) *Würfelnetze, bei denen zwei Quadrate übereinander liegen*
Beginnt man das Würfelnetz mit zwei übereinanderliegenden Quadraten und
versucht, die übrigen Quadrate so anzulegen, daß niemals drei Quadrate über -
oder nebeneinanderliegen, so erhält man nur noch ein weiteres Würfelnetz.

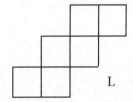

Wir haben damit insgesamt 12 verschiedene Würfelnetze gefunden.

Wenn wir jetzt in der Literatur nachsehen, dann entdecken wir dort erstaunli-
cherweise nur 11 verschiedene Würfelnetze. Es muß uns also irgendwo ein
Fehler unterlaufen sein.
Wenn wir uns die gefundenen Würfelnetze genauer ansehen, dann ist dieses
doppelte Würfelnetz leicht zu finden.

Wir haben damit bewiesen:

Satz 1
Zum Würfel gibt es 11 verschiedene Würfelnetze.

Aufgaben

(6) Suchen Sie in zwei verschiedenen Schulbuchwerken diejenigen Ab-

schnitte, die das Thema Körpernetze behandeln.
Vergleichen Sie das methodische Vorgehen.

(7) Die Arbeit von Hasemann [6] ist psychologisch besonders interessant.
Lesen Sie diese Arbeit.

So wie wir die Würfelnetze bestimmt haben, können wir auch die Netze anderer Körper bestimmen.

2.2 Pyramiden mit quadratischer Grundfläche

Als zweites Beispiel für das systematische Vorgehen bei der Ermittlung aller Netze eines Körpers betrachten wir Pyramiden mit quadratischer Grundfläche. Das Netz einer solchen Pyramide besteht aus vier Dreiecken und aus einem Quadrat.
Auch zur Bestimmung aller Pyramidennetze ist es ratsam, wenn man mit System vorgeht. Die Systematik, mit der wir hier vorgehen wollen, ist identisch mit der Systematik bei der Bestimmung der Würfelnetze. Bei der Ermittlung aller möglichen Pyramidennetze gehen wir immer von dem Quadrat aus und legen die Dreiecke an dieses Quadrat.

Die vier Dreiecke - die wir im folgenden als *gleichseitig* annehmen - können wir z. B. einzeln, also jeweils eines an jede Seite, an das Quadrat legen. Wir können aber auch an eine Seite des Quadrates ein Dreieck und an eine andere Seite des Quadrates drei (aneinander liegende) Dreiecke legen.
Weiter können wir an eine Seite zwei bzw. drei bzw. vier aneinander liegende Dreiecke setzen.
Beim systematischen Vorgehen haben wir demnach vier Fälle zu berücksichtigen.

(1) *Vier aneinander liegende Dreiecke
werden an das Quadrat gelegt.*
Hier gibt es vier Möglichkeiten. Davon
sind allerdings jeweils zwei "gleich"
("gleich" hat hier die gleiche Bedeutung
wie bei den Würfelnetzen).

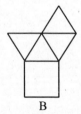

A   B

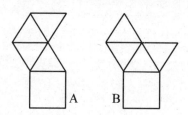

A   B

(2) *Drei aneinander liegende Dreiecke werden an das Quadrat gelegt*
Für das vierte Dreieck gibt es dann nur noch eine Möglichkeit (da sonst kein Pyramidennetz entsteht). Hier erhalten wir zwei weitere verschiedene Netze.

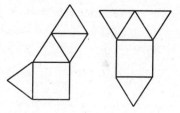

(3) *Zwei aneinander liegende Dreiecke werden an das Quadrat gelegt.*

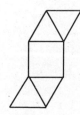 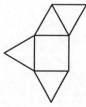

Für die beiden übrigen Dreiecke haben wir dann noch zwei Möglichkeiten:
– sie werden ebenfalls als zwei aneinander liegende Dreiecke an das Quadrat gelegt,
– sie werden als zwei einzelne Dreiecke angelegt.
Im ersten Fall erhalten wir zwei Netze und im zweiten Fall nur eines.

(4) *Alle vier Dreiecke werden einzeln an das Quadrat gelegt.*
Hier erhalten wir nur ein Pyramidennetz.

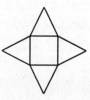

Damit können wir folgenden Satz formulieren:

Satz 2

Es gibt genau 8 verschiedene Netze für die Pyramide mit quadratischer Grundfläche.

Aufgaben

(8) Ein Quader habe eine quadratische Grundfläche mit der Seitenlänge 2 cm. Seine Höhe betrage 1 cm. Finden Sie alle (bzw. möglichst viele) Abwicklungen. Achten Sie dabei auf eine nachvollziehbare Systematik, aus der das Bemühen um Vollständigkeit deutlich wird. Machen Sie Schluß, wenn Sie 20 verschiedene gefunden haben! Entscheidend ist, daß die Suche nach den Netzen einen logischen Aufbau hat!

(9) Ermitteln Sie systematisch alle Netze des Tetraeders. (Der Tetraeder ist eine Pyramide, deren Seitenflächen sämtlich gleichseitige Dreiecke sind).

3 Faltmodelle

Gebäude wie Häuser und Kirchen lassen sich - die entsprechenden Kenntnisse vorausgesetzt - recht einfach als Modell aus Papier herstellen. Ohne allzu große Mühe kann man dann das Modell eines kleinen Dorfes basteln.

Wir wollen in diesem Kapitel dazu einige Grundlagen bereitstellen. Dabei interessieren uns besonders die *Dachformen*, denn die darunterliegenden Gebäude lassen sich in der Regel einfach als Quader realisieren.

3.1 Pyramiden

Wir beginnen mit dem *Kirchturm*. Wir können sein Dach als *Pyramide mit quadratischer Grundfläche* betrachten.

Wir haben im vorigen Abschnitt gesehen, daß es viel einfacher ist, die Netze einer Pyramide als die Netze eines Würfels zu bestimmen. Wenn wir aber versuchen, einen Würfel und eine Pyramide zu basteln, so sehen wir, daß der Würfel viel leichter herzustellen ist als die Pyramide.

Um einen Würfel herzustellen, benötigen wir nur eine Angabe: wir müssen nur eine Seitenlänge kennen und können damit den Würfel herstellen.

Bei einer (regelmäßigen) Pyramide (gleichgültig, ob mit quadratischer oder mit dreieckiger Grundfläche) geht dies nicht so einfach.

Hier benötigen wir mindestens zwei Angaben:

(1) Angaben über die Grundfläche: bei einem Quadrat oder einem gleichseitigen Dreieck genügt die Angabe einer Seite, bei einer anderen Grundfläche muß man schon mehrere Angaben machen (z. B. mehrere Seiten, die Höhe eines Dreiecks, Winkel, ...)

(2) Eine weitere Angabe über die Pyramide, z. B.:
Angabe
 – der Höhe der Pyramide
  oder
 – der Höhe einer Dreiecksseite der Pyramide
  oder
 – der Kantenlänge der Pyramide.

Wir betrachten zuerst eine Pyramide mit quadratischer Grundfläche: Die Seitenlänge des Quadrates nennen wir a und die Kantenlänge der Pyramide nennen wir b. Weiter können wir noch die Höhe der Pyramide einzeichnen, diese nennen wir h. Den Punkt, an dem die Höhe der Pyramide auf das Quadrat trifft, nennen wir, da er der Mittelpunkt des Quadrates ist, M. Für unsere weiteren Überlegungen wird es nützlich sein, auch die Strecke zwischen M und einem Eckpunkt des Quadrates zu bezeichnen, wir nennen sie x. Mit diesen Bezeichnungen erhalten wir das nebenstehende Bild.

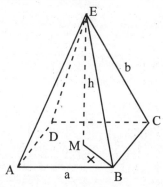

Gegeben seien a und b: Z. B. a = 8 cm und b = 9 cm.
Wir wollen nun die Höhe der Pyramide berechnen. Dies werden wir aber nicht nur anhand des Beispiels machen, sondern wir versuchen eine allgemeine Beziehung zwischen a und b herzuleiten, mit der wir solche Aufgaben schneller lösen können. Wir gehen folgendermaßen vor:

Wir versuchen, die Höhe mit den uns bekannten Angaben a und b zu berechnen. Die Höhe können wir in dem eingezeichneten rechtwinkligen Dreieck BME berechnen. Der rechte Winkel liegt hier bei M, da die Höhe senkrecht auf dem Quadrat steht. Für diese Berechnung müssen wir aber noch x bestimmen. x ist halb so lang wie die Diagonale BD des Quadrates, da der Mittelpunkt des Quadrates auch der Mittelpunkt der Diagonalen ist. Wenn wir x bestimmt haben, können wir h bestimmen.

Erklärung	*Beispiel*	*allgemeine Berechnung*
Im rechtwinkligen Dreieck ABD berechnen wir mit dem Satz des Pythagoras die Strecke x (die Länge der Diagonalen ist genau $2 \cdot x$).	Mit dem Satz des Pythagoras gilt: $8^2 + 8^2 = (2 \cdot x)^2$ $\leftrightarrow 64 + 64 = 4 \cdot x^2$ $\leftrightarrow x^2 = 32$ $\Rightarrow x = \sqrt{32}$	Mit dem Satz des Pythagoras gilt: $a^2 + a^2 = (2 \cdot x)^2$ $\leftrightarrow 2 \cdot a^2 = 4 \cdot x^2$ $\leftrightarrow x^2 = 0,5 \cdot a^2$
Auch das Dreieck BME ist rechtwinklig. Deshalb läßt sich jetzt die Höhe der Pyramide durch eine weitere Anwendung des Satzes von Pythagoras bestimmen.	Mit dem Satz des Pythagoras gilt: $h^2 + 32 = 81$ $\leftrightarrow h^2 = 81 - 32$ $\leftrightarrow h^2 = 49$ $\Rightarrow h = 7$	Mit dem Satz des Pythagoras gilt: $h^2 + x^2 = b^2$ $\leftrightarrow h^2 = b^2 - x^2$ $\leftrightarrow h^2 = b^2 - 1/2 \cdot a^2$ $\Rightarrow h = \sqrt{(b^2 - 1/2 \cdot a^2)}$

Die Höhe der Pyramide in unserem Beispiel beträgt also [3] 7 cm. Mit der soeben ermittelten Gleichung können wir nun die Höhe einer Pyramide berechnen, bei der a und b gegeben sind.

Wie gehen wir aber vor, wenn nicht a und b gegeben sind, sondern a und h?

Die Aufgabenstellung könnte zum Beispiel lauten: Wie groß ist die Kantenlänge einer Pyramide mit quadratischer Grundfläche, die 7 cm hoch ist und bei der eine Seite der Grundfläche 12 cm lang ist?

Hier wäre es unsinnig, obige Überlegungen ein zweites Mal durchzuführen, wir müssen nur die oben erhaltene Gleichung entsprechend umformen.

Es gilt: $\quad h^2 = b^2 - 1/2 \cdot a^2$

$\qquad \leftrightarrow b^2 = h^2 + 1/2 \cdot a^2$

$$\Rightarrow b = \sqrt{(h^2 + 1/2 \cdot a^2)}$$

Für die Kantenlänge in unserem Beispiel gilt also:

$\qquad b^2 = 7^2 + 1/2 \cdot 12^2$

$\qquad \leftrightarrow b^2 = 121$

$\qquad \Rightarrow b = 11$

---

[3] Hier und im folgenden rechnen wir in der Menge $\mathbb{R}_{>0}$ und verzichten deshalb auf die sich sonst aus den quadratischen Gleichungen ergebenden *negativen* Werte.

Aufgaben

(10) Zeichnen Sie jetzt das Netz der Pyramide, basteln Sie ein Modell, und überprüfen Sie so Ihre Berechnungen.

(11) Eine Pyramide mit quadratischer Grundfläche mit der Seitenlänge a = 6 cm soll die Höhe h = 8 cm haben.
Bestimmen Sie die Kantenlänge und bauen Sie ein Modell.

(12) Ein Quader habe die Seitenlängen a, b und c. Berechnen Sie die Länge der Raumdiagonale.

Wenn die Seitenlänge a und die Kantenlänge einer Pyramide mit quadratischer Grundfläche gegeben sind, kann man stets ein Faltmodell ohne Berechnungen basteln. Die Berechnung der Höhe ist allerdings trotzdem interessant, da sie innerhalb der Pyramide liegt und deshalb nicht ganz einfach abgemessen werden kann.

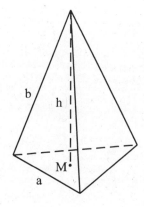

Wenn die Pyramide für einen konkreten *Zweck* genutzt werden soll - etwa als Dach für das Modell eines Kirchturms - wird man allerdings in der Regel die Seitenlänge a und die Höhe vorgeben.
Wie Aufgabe 13 zeigt, läßt sich im Fall der *Pyramide mit quadratischer Grundfläche* die für die Konstruktion des Modells erforderliche Kantenlänge aus der von uns entwickelten Gleichung ohne Probleme ermitteln. Schwieriger ist die Situation bei Pyramiden mit *gleichseitigdreieckiger Grundfläche*. Diesen Fall wollen wir im folgenden untersuchen.

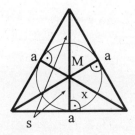

Gegeben sei eine Pyramide, die ein gleichseitiges Dreieck mit der Seitenlänge a als Grundfläche hat. Die drei Seitenflächen bestehen aus zueinander kongruenten gleichschenkligen Dreiecken. Die Pyramide habe die Höhe h.
Welche Kantenlänge b haben diese Dreiecke?
Wie bei der Pyramide mit quadratischer Grund-

fläche müssen wir wieder die Länge der Strecke x berechnen, die den Fuß-
punkt M der Höhe mit einer der Ecken des Dreiecks verbindet.

Bei der Pyramide mit quadratischer Grundfläche war M der Schnittpunkt der
Diagonalen des Quadrats. Bei der jetzt betrachteten Pyramide ist M offensichtlich der "Mittelpunkt" des gleichseitigen Dreiecks; d.h., M muß von den drei
Dreiecksseiten jeweils die gleiche Entfernung haben und ist somit der Mittelpunkt des sogenannten *Inkreises*.

Wenn wir jetzt unser mathematisches Wissen aus der Sekundarstufe I aktivieren, erinnern wir uns:

(1)   Der Mittelpunkt des Inkreises ist der Schnittpunkt der *Winkelhalbieren-
      den* des Dreiecks.

Damit läßt sich der Mittelpunkt M leicht *konstruieren*. Für eine *Berechnung*
von x genügt dies jedoch nicht. Wir müssen weiteres Wissen im Zusammenhang mit den Winkelhalbierenden aktivieren:

(2)   Im gleichseitigen Dreieck sind die *Winkelhalbierenden* zugleich auch die
      Höhen und die *Seitenhalbierenden*.

In der Pyramide mit quadratischer Grundfläche war die Länge von x gleich der
Länge der halben Diagonale des Quadrats. Im vorliegenden Fall gilt (auch
diesen Satz übernehmen wir aus dem Stoff der Sekundarstufe I):

(3)   Durch M werden die Seitenhalbierenden in einem Verhältnis von 2 : 1
      geteilt, deshalb gilt: x = 2/3 · s.

Da in einem gleichseitigen Dreieck - siehe (2) - die Seitenhalbierenden rechtwinklig auf die Seiten treffen, gilt mit dem Satz des Pythagoras:

$$(1/2 \cdot a)^2 + s^2 = a^2$$
$$\leftrightarrow s^2 = a^2 - 1/4 \cdot a^2$$
$$\leftrightarrow s^2 = 3/4 \cdot a^2$$

$$\Rightarrow s = \sqrt{(3/4 \cdot a^2)}$$

Also gilt: $x = 2/3 \cdot s$
$$\Rightarrow x^2 = (2/3 \cdot s)^2$$
$$\Rightarrow x^2 = 4/9 \cdot (3/4 \cdot a^2)$$
$$\leftrightarrow x^2 = 1/3 \cdot a^2$$

Die weiteren Rechnungen sind einfach und werden deshalb der Leserin bzw. dem Leser überlassen.

Aufgaben

(13) Berechnen Sie ohne Rückgriff auf die Ergebnisse von Aufgabe 11 die Kantenlänge k einer Pyramide mit quadratischer Grundfläche der Seitenlänge a cm und Höhe h cm.

(14) Eine Pyramide habe eine rechteckige Grundfläche mit den Maßen 4 cm und 6 cm. Die Spitze soll senkrecht über dem Schnittpunkt der Diagonalen des Rechtecks liegen.
a) Ihre Höhe betrage 6 cm. Berechnen Sie die Kantenlänge, und zeichnen Sie das Netz.
b) Bezeichnen Sie die Seitenlängen des Rechtecks mit a und b, die Höhe als h und berechnen Sie die Kantenlänge allgemein in Abhängigkeit von a, b und h.
c) Die Kantenlänge der Pyramide soll nun 6 cm betragen. Berechnen Sie die Höhe.

3.2 Berechnungen am Kegel

Wenn wir einen *runden Turm* bauen wollen, hat sein Dach die Form eines *Kegels*.
Versuchen Sie, einen Kegel herzustellen, der eine Höhe von 4 cm hat und bei dem der Radius des Kreises 3 cm beträgt.
Sie werden vermutlich nach einigen Versuchen frustriert aufgeben und feststellen, daß dies gar nicht so einfach ist.

Um diesen Kegel herzustellen, sehen wir ihn zunächst einmal genauer an:
Wir nennen die Höhe des Kegels h, den Radius des Kreises, der die "Grundfläche" des Kegels darstellt, nennen wir r_2. Wenn wir einen Punkt auf der Grundfläche mit der Kegelspitze verbinden, erhalten wir eine Linie, die wir mit r_1 bezeichnen.
Wir stellen uns nun vor, daß wir die Mantelfläche des Kegels längs dieser Linie aufschnei-

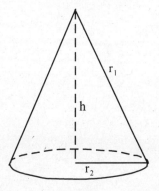

den. Dann erhalten wir ein sogenanntes *Kreissegment.*

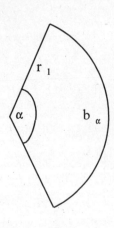

Der Radius des Kreises, aus dem das Kreissegment herausgeschnitten wurde, ist r_1. Den Öffnungswinkel nennen wir α; den Kreisbogen nennen wir b_α, da er von α abhängt.

Um den Kegel herzustellen, müssen wir zusätzlich zur Länge von r_2 die Länge von r_1 und den Winkel α kennen;

Aber wie berechnet man diesen Winkel?

Ein Vollkreis entspricht einem Winkel von 360°. Ebenso wissen wir, daß der halbe Kreis einem Winkel von 180° und der Viertelkreis einem Winkel von 90° entspricht. Es besteht also ein Zusammenhang zwischen dem Umfang b_α des Kreisabschnittes und dem Winkel α.

Ein Kreis mit dem Radius r_1 hat den Umfang $2\,\pi\,r_1$.

Also gilt für den Kreisbogen [4]:

$b_{360} = 2\,\pi\,r_1$

Für den Halbkreis gilt dann: $b_{180} = 1/2 \cdot (2\,\pi\,r_1) = \pi\,r_1$

Für den Viertelkreis gilt: $b_{90} = 1/4 \cdot (2\,\pi\,r_1) = 1/2 \cdot (\pi\,r_1)$

Für den "Dreihundertsechzigstelkreis" gilt dann:

$$b_1 = \frac{2\pi r_1}{360°}$$

Hiermit können wir nun für alle Winkel den zugehörigen Kreisbogen berechnen:

$$b_2 = 2 \cdot \frac{2\pi r_1}{360°} \qquad b_3 = 3 \cdot \frac{2\pi r_1}{360°} \qquad \text{usw.}$$

Wir erhalten also für den Kreisbogen b_α in Abhängigkeit vom Winkel α und vom Radius r_1:

$$b_\alpha = \alpha \cdot \frac{2\pi r_1}{360°} = 2\,\pi\,r_1 \cdot \left(\frac{\alpha}{360°} \right)$$

---

[4]   Bei Winkeln im Index - etwa b_{360} - verzichten wir im folgenden auf das Gradzeichen °, da dieses im Druck kaum zu erkennen wäre.

Für unseren Kegel wird diese Gleichung aber noch etwas einfacher, denn:
Der Kreisbogen bei einem Kegel ist gleichzeitig der Umfang des Kreises, der
dem Kegel als "Grundfläche" dient, er ist also $2\,\pi\,r_2$. Damit können wir obige
Gleichung folgendermaßen vereinfachen:

$$b_\alpha = 2\,\pi\,r_2 = 2\,\pi\,r_1 \cdot \left(\frac{\alpha}{360°}\right)$$

$$\Leftrightarrow \quad \frac{r_2}{r_1} = \frac{\alpha}{360°}$$

Wenn wir diese Gleichung nach α umformen, erhalten wir für unseren Kegel:

$$\alpha = 360° \cdot \frac{r_2}{r_1}$$

Zurück zu unserem Beispiel:
Gegeben sind hier $h = 4$ cm und $r_2 = 3$ cm. Wir müssen
also noch r_1 bestimmen. Dazu wenden wir den Satz des
Pythagoras an und erhalten:

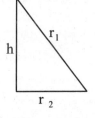

$$r_1^{\,2} = h^2 + r_2^{\,2} \quad \Rightarrow \quad r_1 = \sqrt{(h^2 + r_2^{\,2})}$$

Für den Radius r_1 in unserem Beispiel gilt also:

$$r_1^{\,2} = 4^2 + 3^2 \quad \Rightarrow \quad r_1 = \sqrt{25} = 5$$

Jetzt können wir auch den Winkel des Kreisausschnitts berechnen:

Wegen $\alpha = 360° \cdot \dfrac{r_2}{r_1}$ gilt hier:

$\alpha = 360° \cdot 3/5 = 216°$
Mit diesen Angaben dürfte es nicht schwer
sein, diesen Kegel herzustellen.

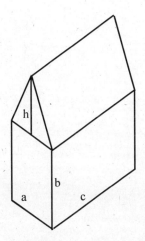

3.3 Das Walmdach

Zurück zu unserem Modell-Dorf. Für Dächer
normaler Häuser kommen Pyramiden und Kegel kaum in Betracht. Als einfachstes Hausmo-
dell können wir ohne Probleme ein Haus mit
Spitzdach herstellen.

Aufgabe

(15) Bauen Sie das Modell eines Hauses mit Spitzdach. Die Maße seien:
a = 4 cm, b = 8 cm, c = 3 cm, h = 2 cm

Damit unser Modell-Dorf nicht zu eintönig wird, sollen auch Häuser mit *Walmdächern* gebaut werden. Wir beschränken uns dabei auf Dächer mit rechteckiger Grundfläche. Die Seitenlängen nennen wir a und b. Das Dach soll einen Neigungswinkel von 45° haben.

Schritt 1: *Wir rechnen*
Das Netz des Walmdaches sieht wie nebenstehend aus.
Das Walmdach besteht also aus einem Rechteck, zwei gleichschenkligen Dreiecken und zwei Trapezen. Um das Walmdach herzustellen, benötigen wir die Höhe des Dreiecks (wir nennen sie h_{Dr}) und die Höhe des Trapezes (h_{Tr}). Ferner fehlen uns die Kante c und die Höhe h des Daches.
Das Dreieck AFB hat die beiden senkrecht aufeinander stehenden Seiten h und 1/2 · a. Wir berechnen zunächst die Höhe h_{Tr} des Trapezes und die Höhe h des Daches. Da die Höhe des Daches senkrecht auf der Grundfläche steht, haben wir hier ein rechtwinkliges Dreieck; den Winkel zwischen der Grundfläche und dem Trapez kennen wir ebenfalls, er beträgt 45°. Es gilt also:

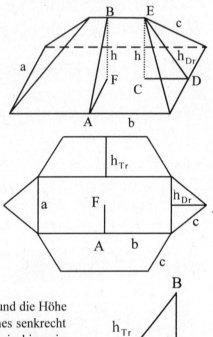

$$\cos 45° = \frac{1/2 \cdot a}{h_{Tr}}$$

Wir erhalten damit:

$$h_{Tr} = \frac{1/2 \cdot a}{\cos 45°} = \frac{1/2 \cdot a}{1/2 \cdot \sqrt{2}} = \frac{a}{\sqrt{2}}$$

Ebenso gilt:

$$\sin 45° = \frac{h}{h_{Tr}} \Leftrightarrow h = h_{Tr} \cdot \sin 45° \Leftrightarrow h = h_{Tr} \cdot 1/2 \cdot \sqrt{2}$$

Setzen wir hier $h_{Tr} = \dfrac{a}{\sqrt{2}}$ ein, so erhalten wir:

$$h = \frac{a}{\sqrt{2}} \cdot 1/2 \cdot \sqrt{2} = 1/2 \cdot a$$

Ebenso berechnen wir im Dreieck CDE die Höhe des Dreiecks h_{Dr}:

$$\sin 45° = \frac{h}{h_{Dr}}$$

Damit ergibt sich:

$$h_{Dr} = \frac{h}{\sin 45°} = \frac{h}{1/2 \cdot \sqrt{2}} = \frac{2 \cdot h}{\sqrt{2}} = \sqrt{2} \cdot h$$

Setzen wir hier $h = 1/2 \cdot a$ ein, so erhalten wir:

$$h_{Dr} = \sqrt{2} \cdot (1/2 \cdot a) = \frac{a}{\sqrt{2}}$$

Wir stellen damit fest, daß die Höhe des Trapezes gleich der Höhe des Dreiecks ist.
Jetzt fehlt uns nur noch die Kante c. In den beiden Seitendreiecken des Daches kennen wir bereits die Höhe und die Grundlinie. Die Höhe dieses Dreiecks, die Kante c und die Hälfte der Grundlinie a bilden ein rechtwinkliges Dreieck. In diesem Dreieck gilt nach dem Satz des Pythagoras:

$$c^2 = h_{Dr}^2 + (1/2 \cdot a)^2$$

Setzen wir hier $h_{Dr} = \dfrac{a}{\sqrt{2}}$ ein, so erhalten wir:

$$c^2 = 1/2 \cdot a^2 + 1/4 \cdot a^2$$
$$\Leftrightarrow c^2 = 3/4 \cdot a^2$$
$$\Rightarrow c = (1/2 \cdot a) \cdot \sqrt{3}$$

Schritt 2: *Wir überprüfen die Rechnungen*
Mit diesen Angaben dürfte es nicht schwer sein, ein Walmdach herzustellen; wenn dies aber etwas größer sein soll, dann benötigt man "Spanten", um das

128

Walmdach zu stützen. Diese haben die Form eines gleichschenkligen Dreiecks. Die Grundseite des Dreiecks ist a.
Die beiden übrigen Seiten entsprechen der Höhe des Trapezes. Wenn wir berücksichtigen, daß wir Klebelaschen
zur Befestigung benötigen (eine ist nach vorne, die andere
nach hinten zu knicken), haben die Spanten die in der
Abbildung wiedergegebene Form.

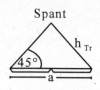

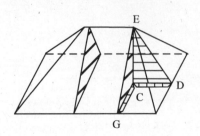

Für die Spanten, die die Dreiecks-
fläche abstützen, stellt man jeweils
zwei Exemplare her und knickt
dann wie in der Skizze. Wir stellen
dabei fest, daß die so abgeknickten
Spanten - vgl. Zeichnung - genau
in der beschriebenen Weise unter
das Dach passen. Daß dies kein
Zufall ist, zeigt die folgende Analyse.

Schritt 3: *Analyse*
Im Verlauf der Rechnungen hatten wir die folgenden Beziehungen ermittelt:

$$h_{Tr} = h_{Dr} = \frac{a}{\sqrt{2}}$$

Für h hatten wir $h = 1/2 \cdot a$ ermittelt.

Für unser Walmdach gelten damit recht *einfache Beziehungen* zwischen den
Größen a, h, h_{Tr} und h_{Dr}. Dies regt dazu an, nach *einfacheren Gründen* für
diese Beziehungen zu suchen.

Diese werden sofort klar, wenn man sich den
Spant aus Schritt 2 genauer ansieht:
Da der Winkel bei C ein rechter ist und der bei
G 45° beträgt, muß auch ß = 45° gelten (da die
Winkelsumme im Dreieck 180° beträgt). Da-
mit ist GCE ein gleichschenkliges Dreieck mit
der Grundseite h_{Tr}, und $h = 1/2 \cdot a$ gilt unmit-

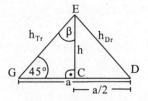

telbar (vgl. nebenstehende Zeichnung). Daraus folgt dann mit dem Satz des
Pythagoras der Wert für h_{Tr}.
Für das Dreieck CDE gilt ebenfalls, daß die Winkel bei E und D jeweils 45°
betragen. Da GCE und CDE die Seite CE gemeinsam haben, sind die beiden
Dreiecke zueinander kongruent. Deshalb gilt $h_{Dr} = h_{Tr}$.

Schritt 4: *Rückblick*

Wie so häufig stellen wir nach dem Durchschreiten eines längeren Weges fest, daß es auch eine Abkürzung gegeben hätte ...

War der lange Weg dann unnütz?

Betrachten wir die Überlegungen aus Schritt 1 genauer, stellen wir fest, daß sie allgemeiner sind: unsere Abkürzung existierte nur, weil die Situation mit dem Neigungswinkel 45° sehr speziell ist. Wenn wir mit anderen Neigungswinkeln arbeiten wollen, müssen wir auf die in Schritt 1 vorgestellten Überlegungen mit Hilfe der trigonometrischen Funktionen zurückgreifen.

4 Schulung der Raumvorstellung

Schon in der Schule lernt man, das Schrägbild eines Würfels zu zeichnen.[5] Im nebenstehenden Bild wurden die nach hinten zeigenden Achsen mit einer Neigung von 45° gegen die "waagerechte Achse" gezeichnet und dabei um den Faktor 0,5 gekürzt. Die senkrechten Achsen blieben in ihrer Größe unverändert.

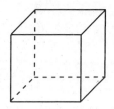

Bei diesem Schrägbild kann man sehr leicht sehen, welche Ecken aufeinander fallen. Faltet man den Würfel zu einem Netz auseinander, so ist oft nicht sofort ersichtlich, welche Ecken und Kanten aufeinander fallen. Zum Beispiel fallen bei den unten stehenden Netzen jeweils die gleich markierten Ecken bzw. Kanten aufeinander, wenn man die Netze zu Würfeln zusammen klebt:

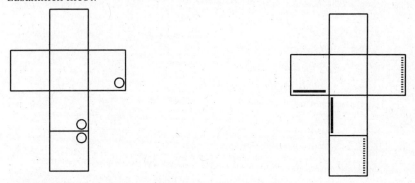

---

[5] In einer lesenswerten Arbeit zeigt B. Wollring [16], wie Grundschulkinder mit der Aufgabe umgehen, Zeichnungen räumlicher Objekte anzufertigen.

Umgekehrt kann man überlegen, welche Ecken beim Zusammenfalten des nebenstehenden Netzes auf die markierte Ecke treffen.

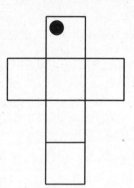

 Wenn wir die anderen beiden Ecken markieren und diesen Würfel zusammenfalten, so erhalten wir zum Beispiel das linke Bild.

Wo aber liegt diese Ecke, wenn wir den Würfel erst nach links und dann nach vorne kippen? Wo liegt die Ecke, wenn wir den Würfel erst nach rechts und dann nach hinten kippen?

Aufgabe

(16) Beantworten Sie die beiden soeben gestellten Fragen.

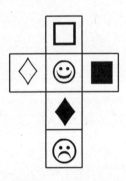

(17) Betrachten wir einen weiteren Würfel mit dem links gezeichneten Netz.
Zusammengefaltet sieht er wie rechts aus.
Welche Seite liegt unten, wenn man den Würfel zweimal nach rechts, einmal nach hinten und einmal nach links kippt?
Wie muß man ihn dann anschließend kippen, damit man obige Ausgangsposition erhält?

Für alle diese Aufgaben benötigt man nicht sehr viel räumliches Vorstellungsvermögen. Dies wird allerdings bei Schrägbildern gebraucht, die aus mehreren Würfeln bestehen. Zum Beispiel hat ein Turm aus vier Würfeln das folgende Schrägbild ①.[6]

---

[6]   Das beim Zeichnen verwendete Dreiecksgitter besteht aus gleichseitigen Dreiecken (vgl. S. 132)

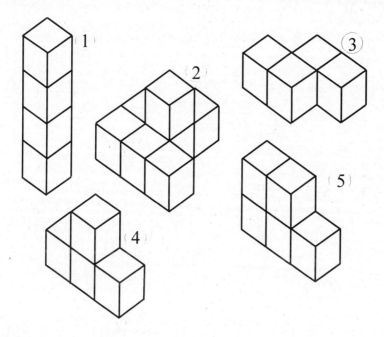

Oft findet man, z. B. bei Denksportaufgaben, folgende Aufgabenstellung:
Aus wie vielen Würfeln besteht Würfelkonfiguration ②?

Die Würfelkonfigurationen ③ und ④ bestehen aus jeweils 4 Würfeln, die allerdings unterschiedlich angeordnet sind. Man sieht dies besonders deutlich, wenn man die Würfel "von oben" betrachtet. Mit dem Blick von oben ist eine Würfelkonfiguration allerdings nicht in jedem Fall eindeutig beschrieben. Zum Beispiel sehen die Würfelkonfigurationen ④ und ⑤ von oben gleich aus.

Zur eindeutigen Beschreibung können wir hier die Anzahl der übereinanderliegenden Würfel in die Kästchen schreiben. Die nachfolgenden Muster ergeben die Würfelkonfigurationen ②, ③, ④, ⑤.

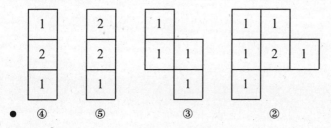

Beim Zeichnen des Schrägbildes stellen wir uns also gewissermaßen in Gedanken so, daß wir die jeweilige Würfelkonfiguration "schräg von vorne links" betrachten. Für die Würfelkonfiguration ④ ist diese Position durch einen schwarzen Punkt ● markiert.

Für das Zeichnen von Würfelkonfigurationen sind sogenannte *Dreiecksgitter* sehr nützlich. Wir bilden hier deshalb ein solches Gitter ab und zeichnen zur Illustration einen einfachen "Turm" ein.

Mit diesem Gitter sollten Sie ein wenig selber üben.

Aufgabe

(18) Lassen Sie eine Freundin eine Würfelkonfiguration bauen. Zeichnen Sie dann die Konfiguration so, wie sie von rechts oder von hinten gesehen wird. Sie können dann Ihre Zeichnung an der Konfiguration überprüfen.

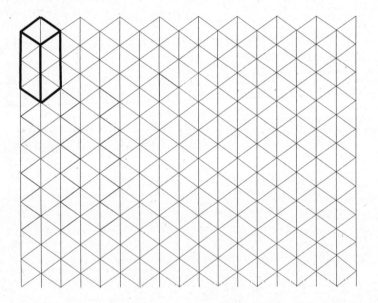

(19) Bei den folgenden angegebenen Würfelnetzen ist jeweils eine *Ecke* bzw. eine *Kante* bzw. eine *Fläche* markiert. Markieren Sie entsprechend:
- die Ecken, die beim Zusammenfalten mit der angegebenen Ecke zusammenstoßen;
- die Kante, die beim Zusammenfalten mit der angegebenen Kante zusammenstößt;
- die Fläche, die beim Zusammenfalten der angegebenen Fläche gegenüber liegt.

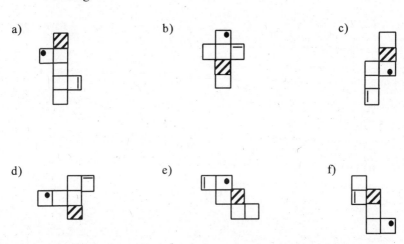

a)   b)   c)

d)   e)   f)

(20) Stellen Sie sich vor, Sie stehen vor unserem Kaktus aus Kapitel II, Aufgabe 15. Der Kaktus befinde sich in Generation $n = 4$. Damit die nachfolgenden Rechnungen keine umständlichen Brüche liefern, gehen Sie von einer Ausgangskantenlänge von 27 cm aus.

Fassen Sie zunächst auf der Ihnen zugewendeten Seite die Ecke A links unten ins Auge.

Suchen Sie nun die folgende "Knospe" in Gedanken oder zeichnerisch:
- Beim Übergang von Generation 1 zu Generation 2 gehen Sie nach oben.
- Beim Übergang von Generation 2 zu Generation 3 gehen Sie nach rechts.
- Beim Übergang von Generation 3 zu Generation 4 gehen Sie nach hinten.

Welche Ecke dieser Knospe ist am weitesten von Ecke A entfernt? Wie groß ist diese Entfernung? Begründen Sie Ihre Rechnungen.

IV Die Geometrie strukturieren: Deckabbildungen und Symmetrien

1 Einleitung

Die Behandlung symmetrischer Figuren und der Symmetrien ist ein fester Bestandteil des Geometrieunterrichts der Grundschule. Dies liegt sicher daran, daß es sich bei der Symmetrie um eine fundamentale geometrische Idee mit einem hohen Aspektreichtum handelt. So identifiziert H. Winter [13] für die Achsensymmetrie folgende fünf Aspekte:

(1) Formaspekt
Achsensymmetrische Figuren bestehen aus zwei "Hälften". Die eine Hälfte wiederholt - bei Umkehrung der Orientierung - die andere.

(2) Algebraischer Aspekt
Dieser Aspekt wird in diesem Kapitel nicht nur für die achsensymmetrischen Figuren ausführlich behandelt.

(3) Ästhetischer Aspekt
Die Literatur über Architektur bietet hierzu viele Beispiele.

(4) Ökonomisch-technischer Aspekt
Bei vielen Problemen im technischen Bereich bieten sich achsensymmetrische Lösungen an, wenn mit möglichst wenig Kraft- oder Materialaufwand gearbeitet werden soll.

(5) Arithmetischer Aspekt
Man kann die natürlichen Zahlen durch geometrische Punktmuster darstellen. Gerade Zahlen können dabei durch eine achsensymmetrische Doppelreihe von Punkten dargestellt werden, ungerade nicht. Einige elementare zahlentheoretische Sätze lassen sich damit geometrisch beweisen (vgl. Abschnitt 10).

Vergleichbare Gesichtspunkte führt auch A.M. Fraedrich [4] auf, deren lesenswerte Arbeit eine Fülle didaktisch-methodischer Anregungen enthält. Besondere Betonung erfahren in ihrer Arbeit die Möglichkeiten, am Beispiel der Achsensymmetrie mathematische wie außermathematische Stoffe integrativ zu behandeln. Neben dem naheliegenden Kunstunterricht werden hier auch Möglichkeiten für den Sport- (z.B. Spiegelpantomimen) und Werkunterricht behandelt.

Wir werden uns in diesem Kapitel vornehmlich mit algebraischen Aspekten des Themas beschäftigen. Allerdings kommen gelegentlich auch andere Aspekte zum Tragen: *Bandornamente* (vgl. Abschnitt 8) haben oft einen hohen ästhetischen Wert; in Abschnitt 10 gehen wir auf *Symmetrieargumente bei arithmetischen Sätzen* ein.

2 Deckdrehungen von gleichseitigen Dreiecken und Quadraten

Das nebenstehende gleichseitige Dreieck können wir auf mehrere Arten so um den Mittelpunkt M des Umkreises drehen, daß es auf sich selbst abgebildet wird: D_{120} ist eine Drehung gegen den Uhrzeigersinn (also gewissermaßen "links herum") um 120°, sie leistet:

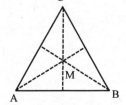

$A \rightarrow B$

$B \rightarrow C$

$C \rightarrow A$

D_{240} ist eine Drehung um 240°; sie leistet:

$A \rightarrow C$

$B \rightarrow A$

$C \rightarrow B$

D_{360} ist eine Drehung um 360°; sie leistet:

$A \rightarrow A$

$B \rightarrow B$

$C \rightarrow C$

Wir können auch zwei Drehungen hintereinander ausführen.

Das wird so geschrieben: $D_1 \circ D_2$.

Dabei wird die rechts stehende Drehung zuerst ausgeführt. Die Ergebnisse der sogenannten Verknüpfung zweier Drehungen halten wir in einer Verknüpfungstafel fest.

∘	D_{360}	D_{120}	D_{240}
D_{360}	D_{360}	D_{120}	D_{240}
D_{120}	D_{120}	D_{240}	D_{360}
D_{240}	D_{240}	D_{360}	D_{120}

Wenn wir D_{360} als [0], D_{120} als [1] und D_{240} als [2] bezeichnen, erhalten wir

∘	[0]	[1]	[2]
[0]	[0]	[1]	[2]
[1]	[1]	[2]	[0]
[2]	[2]	[0]	[1]

Wir stellen fest, daß unsere Drehungen sich genauso verhalten, als würden wir mit den Restklassen mod 3 (sprich: modulo 3) rechnen.

Erinnerung ...:
Die natürlichen Zahlen lassen bei Division durch 3 entweder den Rest 0, den Rest 1 oder den Rest 2.
Wir können entsprechend drei Mengen [0], [1], [2] bilden:
$\quad$ [0] = { 0, 3, 6, ...} $\qquad$ [1] = { 1, 4, 7, ...} $\qquad$ [2] = { 2, 5, 8, ...}
Diese Mengen werden als *Restklassen mod 3* bezeichnet.
Allgemein setzen wir fest:
$\quad$ [n] = {x | x hat bei Division durch 3 denselben Rest wie n}
Aufgrund dieser Festsetzung gibt es tatsächlich genau 3 verschiedene Restklassen mod 3, denn es gilt zum Beispiel: [3] = [0], [2] = [29] = [101], usw.

... und Weiterführung:
Mit Restklassen kann man (fast) wie mit Zahlen rechnen. Man setzt die Summe zweier Restklassen fest durch

$\quad$ [a] + [b] := [a + b]

138

Damit ergibt sich:

$[1] + [2] = [0]$ (denn $[3] = [0]$) $[1] + [1] = [2]$

$[1] + [0] = [1]$ $[2] + [2] = [1]$ (denn $[4] = [1]$)

$[2] + [1] = [0]$ (denn $[3] = [0]$) $[2] + [0] = [2]$

$[0] + [2] = [2]$ $[0] + [1] = [1]$

$[0] + [0] = [0]$

Insgesamt erhalten wir genau das, was oben in der Tabelle steht.

Wir können die Deckdrehungen eines Quadrates analog betrachten.
Hier erhält man folgende Deckdrehungen:

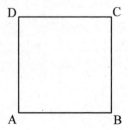

D_{90} ist eine Drehung um 90°. Sie leistet:

$A \rightarrow B$ $B \rightarrow C$

$C \rightarrow D$ $D \rightarrow A$

Die anderen Drehungen leisten:

D_{180}: $A \rightarrow C$ D_{270}: $A \rightarrow D$ D_{360}: $A \rightarrow A$

          $B \rightarrow D$ $B \rightarrow A$ $B \rightarrow B$

          $C \rightarrow A$ $C \rightarrow B$ $C \rightarrow C$

          $D \rightarrow B$ $D \rightarrow C$ $D \rightarrow D$

Wenn wir hier jeweils zwei Drehungen miteinander verknüpfen, erhalten wir folgende Tafel:

$\circ$	D_{360}	D_{90}	D_{180}	D_{270}
D_{360}	D_{360}	D_{90}	D_{180}	D_{270}
D_{90}	D_{90}	D_{180}	D_{270}	D_{360}
D_{180}	D_{180}	D_{270}	D_{360}	D_{90}
D_{270}	D_{270}	D_{360}	D_{90}	D_{180}

Auch hier kann man wieder eine Analogie zu dem Rechnen mit Restklassen herstellen:
Wir betrachten jetzt die Restklassen mod 4. Hier werden jeweils alle natürli-

chen Zahlen in einer Menge zusammengefaßt, die bei Division durch 4 denselben Rest haben:

[0] = {0, 4, 8, 12, ...}
[1] = {1, 5, 9, 13, ...}
[2] = {2, 6, 10, 14, ...}
[3] = {3, 7, 11, 15, ...}

Allgemein setzen wir jetzt fest:

[n] = {x| x hat bei Division durch 4 denselben Rest wie n}

Damit gibt es genau 4 verschiedene Restklassen mod 4, nämlich die oben angegebenen.
Eine Verknüpfungstafel ist ebenso leicht aufgestellt wie im Fall der Restklassen mod 3:

∘	[0]	[1]	[2]	[3]
[0]	[0]	[1]	[2]	[3]
[1]	[1]	[2]	[3]	[0]
[2]	[2]	[3]	[0]	[1]
[3]	[3]	[0]	[1]	[2]

Man sieht sofort, daß diese Darstellung der Verknüpfungstafel für die Drehungen des Quadrates entspricht:

D_{360} entspricht [0] $\qquad$ D_{90} entspricht [1]
D_{180} entspricht [2] $\qquad$ D_{270} entspricht [3]

Wenn man die entsprechenden Ersetzungen vornimmt, gehen die beiden Verknüpfungstafeln ineinander über.

Neben der Analogie zwischen Geometrie - Drehungen - und dem Bereich der Zahlen können wir weiter feststellen, daß die vorgestellten Verknüpfungstafeln einige gemeinsame Eigenschaften haben:
Wir haben ein Element, das "nichts bewirkt" - die Drehung um 360° bzw. die Restklasse [0].

Jede Drehung kann durch eine zweite derart "rückgängig" gemacht werden, daß die Verknüpfung beider Drehungen die "Null-Drehung" ergibt. Zu jeder Klasse [a] gibt es eine Klasse [b] derart, daß [a] + [b] = [0]. Wir werden auf diese Gesetzmäßigkeiten in Abschnitt 4 näher eingehen.

Aufgabe

(1) Stellen Sie die Verknüpfungstafel für die Deckdrehungen eines Rechtecks auf, das kein Quadrat ist.

3 Die Deckabbildungen der regelmäßigen Figuren

Die regelmäßigen Figuren - das sind diejenigen n-Ecke, bei denen alle Seitenlängen und Innenwinkel übereinstimmen - sind wegen ihrer Symmetrie von besonderem mathematischen Interesse. Wir beginnen unsere Untersuchungen mit einer besonders einfachen Figur:

3.1 Das gleichseitige Dreieck

Betrachten wir das gleichseitige Dreieck noch einmal genauer, so stellen wir fest, daß die Drehungen nicht die einzigen Deckabbildungen sind. Wir bezeichnen die Spiegelungen an den Geraden g_a, g_b, g_c als S_a, S_b, S_c. Diese Spiegelungen überführen das Dreieck ebenfalls in sich selbst mit

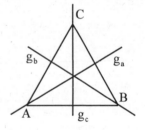

$$S_a: \begin{aligned} A &\rightarrow A \\ B &\rightarrow C \\ C &\rightarrow B \end{aligned} \qquad S_b: \begin{aligned} A &\rightarrow C \\ B &\rightarrow B \\ C &\rightarrow A \end{aligned} \qquad S_c: \begin{aligned} A &\rightarrow B \\ B &\rightarrow A \\ C &\rightarrow C \end{aligned}$$

Wenn wir jetzt zwei Spiegelungen verknüpfen, so erhalten wir z. B. für die Verknüpfung von S_a und S_b (dabei wird die *rechts* stehende Spiegelung *als erste* ausgeführt):

$$S_a \circ S_b: \begin{aligned} A &\rightarrow B \\ B &\rightarrow C \\ C &\rightarrow A \end{aligned}$$

Das Ergebnis ist keine Spiegelung, sondern eine Drehung, und zwar D_{120}!

Es lohnt sich daher, einmal eine Verknüpfungstafel für Drehungen und Spiegelungen gemeinsam aufzustellen:

$\circ$	S_a	S_b	S_c	D_{120}	D_{240}	D_{360}
S_a	D_{360}	D_{120}	D_{240}	S_b	S_c	S_a
S_b	D_{240}	D_{360}	D_{120}	S_c	S_a	S_b
S_c	D_{120}	D_{240}	D_{360}	S_a	S_b	S_c
D_{120}	S_c	S_a	S_b	D_{240}	D_{360}	D_{120}
D_{240}	S_b	S_c	S_a	D_{360}	D_{120}	D_{240}
D_{360}	S_a	S_b	S_c	D_{120}	D_{240}	D_{360}

3.2 Die Deckabbildungen des regelmäßigen Sechsecks

Das regelmäßige Sechseck hat eine Vielzahl von Deckabbildungen.
Wir finden: $D_0, D_{60}, D_{120}, D_{180}, D_{240}, D_{300},$
$S_{30}, S_{60}, S_{90}, S_{120}, S_{150}, S_{180}.$
Dabei ist S_{30} die Spiegelung an g_{30}, S_{60} die Spiegelung an g_{60}, usw.
Bei derartig vielen Verknüpfungen ist es offenbar zu aufwendig, eine Verknüpfungstafel unsystematisch aufstellen zu wollen. Wir gehen systematisch vor und betrachten die folgenden Fälle:

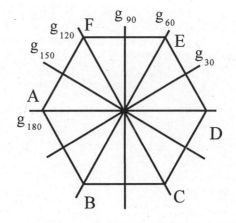

(1) *Verknüpfung zweier Drehungen*
(2) *Verknüpfung zweier Spiegelungen*
(3) *Verknüpfung einer Spiegelung mit einer Drehung*

(1) *Die Verknüpfung zweier Drehungen*
Zunächst gilt für die Verknüpfung von Drehungen:

Satz 1
Für alle Drehungen D_α und D_β des regelmäßigen Sechsecks gilt:

$$D_\alpha \circ D_\beta = D_{[\alpha + \beta]}$$

Dabei wird die "eckige Klammer" wie folgt definiert:

$$[\gamma] = \gamma, \qquad \text{falls } 0 \le \gamma \le 360°$$
$$[\gamma] = \gamma - 360°, \quad \text{falls } \gamma \ge 360°$$

Es empfiehlt sich, $[\gamma]$ auch für negative Winkel zu definieren. Dies entspricht dann einer *Drehung im Uhrzeigersinn.* Hier setzen wir fest:

$$[\gamma] = \gamma + 360°, \text{ falls } \gamma < 0°$$

Beweis
Der Satz ist unmittelbar einsichtig.

Wie sieht es jetzt für die Verknüpfung zweier Spiegelungen aus?

(2) *Die Verknüpfung zweier Spiegelungen*
Wir sehen uns zunächst einige Beispiele an.

$S_{60} \circ S_{30}$:
A → B → B
B → A → C
C → F → D
D → F → E
E → D → F
F → C → A
Damit ergibt sich:
$S_{60} \circ S_{30} = D_{60}$

$S_{90} \circ S_{30}$:
A → B → C
B → A → D
C → F → E
D → E → F
E → D → A
F → C → B
Damit ergibt sich:
$S_{90} \circ S_{30} = D_{120}$

und noch: $\qquad\qquad S_{150} \circ S_{60}$:
A → C → D
B → B → E

$$C \rightarrow A \rightarrow F$$
$$D \rightarrow F \rightarrow A$$
$$E \rightarrow E \rightarrow B$$
$$F \rightarrow D \rightarrow C$$

Damit ergibt sich:
$$S_{150} \circ S_{60} = D_{180}$$

Wir wollen jetzt herausfinden, ob es einen allgemeinen Zusammenhang zwischen α, β und dem Winkel der sich jeweils ergebenden Drehung gibt. Dazu verhalten wir uns so, als gäbe es dafür eine Gleichung, die von uns lediglich noch zu finden ist. Es muß also gelten (bezogen auf unsere ersten beiden Beispiele):

I	$a \cdot 60 + b \cdot 30$	$=$	60
II	$a \cdot 90 + b \cdot 30$	$=$	120
II - I	$a \cdot 30$	$=$	60
	a	$=$	2
	b	$=$	-2

Wir finden hier einen einfachen Zusammenhang:
Bei Spiegelung an S_β und danach an S_α ergibt sich eine Drehung um den Winkel

$$(*) \quad \gamma = 2 \cdot \alpha - 2 \cdot \beta.$$

Gilt dies auch im dritten Beispiel? Wir erhalten: $\gamma = 2 \cdot 150° - 2 \cdot 60° = 180°$

Wir überprüfen schließlich noch den Fall, daß zunächst S_{60} und dann S_{30} ausgeführt wird. Wir erhalten:

$$S_{30} \circ S_{60}:$$
$$A \rightarrow C \rightarrow F$$
$$B \rightarrow B \rightarrow A$$
$$C \rightarrow A \rightarrow B$$
$$D \rightarrow F \rightarrow C$$
$$E \rightarrow E \rightarrow D$$
$$F \rightarrow D \rightarrow E$$

Damit ergibt sich:
$$S_{30} \circ S_{60} = D_{300}$$

144

Mit Gleichung (∗) erhalten wir:

$2 \cdot 30 - 2 \cdot 60 = - 60,$

also

$S_{30} \circ S_{60} = D_{[-60]} = D_{300}.$

Wir vermuten:

Satz 2
Für die Verknüpfung zweier beliebiger Spiegelung des regelmäßigen Sechsecks gilt:

$S_\alpha \circ S_\beta = D_{[2\alpha - 2\beta]}$

Beweis
Mit den betrachteten Beispielen ist diese Behauptung natürlich nicht bewiesen. Wir werden deshalb im Abschnitt 7.2 den Satz erneut als *Satz 2a* erneut formulieren und dort den Beweis nachtragen.

Die vorgestellte Gleichung hat eine einfache geometrische Bedeutung, wie man bei Betrachtung des obigen Sechsecks leicht erkennt:

Wenn zwei Spiegelungen S_α und S_β verknüpft werden zu $S_\alpha \circ S_\beta$, so ergibt sich eine Drehung, die doppelt so groß ist wie der von g_α und g_β eingeschlossene Winkel, wenn man von g_β gegen den Uhrzeigersinn zu g_α läuft.
Im nebenstehenden Beispiel ist $\alpha = 150°$ und $\beta = 30°$.

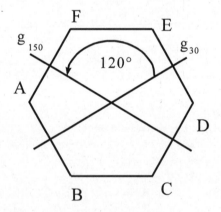

Bemerkung
Mit dieser Formulierung ist auch der Fall $S_{30} \circ S_{60}$ abgedeckt, wie man leicht überprüfen kann.

(3)   *Die Verknüpfung einer Spiegelung mit einer Drehung*
Wir setzen weiterhin die Aussage von Satz 2 als richtig voraus und stellen jetzt fest, daß wir umgekehrt nun auch jede Drehung in die Verknüpfung zweier

Spiegelungen zerlegen können:

$$D_{300} = S_{180} \circ S_{30} = S_{150} \circ S_{180} = S_{120} \circ S_{150} = \ldots$$
$$D_{240} = S_{180} \circ S_{60} = S_{150} \circ S_{30} = S_{120} \circ S_{180} = \ldots$$
$$D_{180} = S_{180} \circ S_{90} = S_{150} \circ S_{60} = S_{120} \circ S_{30} = \ldots$$
$$D_{120} = S_{180} \circ S_{120} = S_{150} \circ S_{90} = S_{120} \circ S_{60} = \ldots$$
$$D_{60} = S_{180} \circ S_{150} = S_{150} \circ S_{120} = S_{120} \circ S_{90} = \ldots$$
$$D_{0} = S_{180} \circ S_{180} = S_{150} \circ S_{150} = S_{120} \circ S_{120} = \ldots$$

Offenbar kann man dabei die Spiegelachsen im Rahmen der durch die Figur bedingten Vorgaben beliebig wählen, solange man nur die Forderung nach dem Winkel zwischen den Achsen entsprechend Satz 2 berücksichtigt. Diese Erkenntnis können wir jetzt ausnutzen, um zu bestimmen, was sich bei der Verknüpfung einer Spiegelung mit einer Drehung ergibt. Zunächst gilt:

$D_0 \circ S_\alpha = S_\alpha \circ D_0 = S_\alpha$, da D_0 als "0-Drehung" keine Veränderung bewirkt.

Beispiel 1   Bestimmung von $D_{120} \circ S_{30}$.
Wir zerlegen D_{120} so in zwei Spiegelungen, daß sich "rechts" S_{30} befindet:
$$D_{120} = S_{90} \circ S_{30}$$
und erhalten:
$$D_{120} \circ S_{30} = (S_{90} \circ S_{30}) \circ S_{30} = S_{90} \circ (S_{30} \circ S_{30}) = S_{90} \circ D_0 = S_{90}$$
Wir nutzen hier also aus, daß wir beim zweiten Beispiel zum Beweis von Satz 1 die Gleichung $D_{120} = S_{90} \circ S_{30}$ ermittelt hatten.

Beispiel 2 Bestimmung von $D_{240} \circ S_{90}$
$$D_{240} \circ S_{90} = (S_{30} \circ S_{90}) \circ S_{90} = S_{30}.$$

Die *Korrektheit* der hier benutzten Gleichung $D_{240} = S_{30} \circ S_{90}$ läßt sich leicht *überprüfen*. Wir benötigen aber eine *allgemeine Gleichung*, mit der man für $D_\alpha \circ S_\beta$ aus α und β die Spiegelung $S_\gamma = D_\alpha \circ S_\beta$ berechnen kann. Dies bedeutet insbesondere, daß wir zeigen müssen, wie die Zerlegung von D_α in zwei Spiegelungen so erfolgen kann, daß sich "rechts" S_β befindet.
Dazu benutzen wir vorsichtshalber zunächst einen neuen Winkel γ' und nehmen die Existenz einer "Zerlegung"
$$D_\alpha = S_{\gamma'} \circ S_\beta$$
an. Dann muß nach Satz 2 gelten:
$$2\gamma' - 2\beta = \alpha$$
Daraus folgt:
$$\gamma' = \beta + \alpha/2.$$

Da bei größeren Winkeln α und β der Wert für γ' eventuell auch über $180°$ liegen kann, uns aber andererseits nur die Spiegelungen S_{30} bis S_{180} zur Verfügung stehen, muß der Wert für γ' gegebenenfalls um $180°$ bereinigt werden. Damit erhalten wir folgende Vermutung:

Satz 3
Für die Verknüpfung einer Drehung D_α mit einer Spiegelung S_β gilt:
$$D_\alpha \circ S_\beta = S_{<\beta + \alpha/2>}$$

$$\text{mit} <\gamma> = \begin{cases} \gamma, & \text{falls } 0 \leq \gamma < 180° \\ \gamma - 180°, & \text{falls } 180° \leq \gamma \end{cases}$$

$$\text{und } S_0 = D_0$$

Beweis

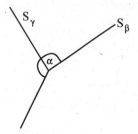

1. Fall: $\beta + \alpha/2 \leq 180°$.
Wir können (Satz 2) D_α stets in das Produkt zweier Spiegelungen $S_\gamma \circ S_{\gamma'}$ zerlegen, wobei die Differenz zwischen γ und γ' gerade $\alpha/2$ ist.
Wählen wir $\gamma' = \beta$, erhalten wir:
$$S_\gamma \circ S_\beta = D_\alpha = D_{[2\gamma - 2\beta]}.$$
Wenn wir
$$\gamma = \beta + \alpha/2$$
setzen, gilt:
$$S_\gamma \circ S_\beta = D_{[2\gamma - 2\beta]} = D_{[2\cdot(\beta + \alpha/2) - 2\beta)]} = D_{[\alpha]} = D_\alpha$$

Wenn man dieselbe Spiegelung zweimal nacheinander ausführt, ergibt sich die "nichts bewirkende" Abbildung D_0. Damit gilt:

$$D_\alpha \circ S_\beta = S_{\beta + \alpha/2} \circ (S_\beta \circ S_\beta) = S_\gamma$$

2. Fall: $\beta + \alpha/2 > 180°$
In diesem Fall gilt:
$$S_{<\beta + \alpha/2>} \circ S_\beta = D_{[2\cdot<\beta + \alpha/2> - 2\beta]} = D_{[2\cdot(\beta + \alpha/2 - 180) - 2\beta]} = D_{[\alpha - 360]} = D_\alpha$$

Anschließend geht man weiter wie im ersten Fall vor.

Die Verknüpfungen $S_\alpha \circ D_\beta$ erhält man entsprechend.

Aufgaben

(2) Leiten Sie eine Gleichung für $S_\alpha \circ D_\beta$ her.

(3) Bestimmen Sie jeweils die resultierende Abbildung:
    a) $S_{30} \circ D_{60}$ b) $S_{150} \circ D_{180}$ c) $D_{300} \circ S_{90}$
    d) $D_{180} \circ S_{60}$ e) $S_{30} \circ S_{150}$ f) $S_{150} \circ S_{30}$

(4) Untersuchen Sie, ob die für das Sechseck entwickelten Gleichungen für die Verknüpfung zweier Abbildungen auch für die Deckabbildungen eines Quadrates gelten.

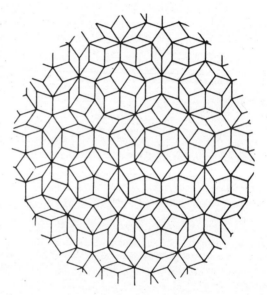

(5) Das nebenstehende Parkett-Muster besteht aus vielen Rauten. Bestimmen Sie die Innenwinkel.

4 Der Begriff der Gruppe

Die betrachteten Deckabbildungsmengen und die Restklassen haben insbesondere die folgenden Gemeinsamkeiten:

(1) Wir haben ein Element, das "nichts bewirkt" - die Drehung um 360° (oder 0°) bzw. die Restklasse [0].

(2) Jede Abbildung kann durch eine zweite derart "rückgängig gemacht" werden, daß die Verknüpfung beider Abbildungen die "Null-Drehung" ergibt.
Dabei wird jede Spiegelung durch sich selbst "rückgängig gemacht", eine Drehung um den Winkel α wird durch die Drehung um 360° - α rückgängig gemacht.

Zu jeder Klasse [a] gibt es eine Klasse [b] derart, daß [a] + [b] = [0].

Die Entdeckung, daß gleiche formale Strukturen in verschiedenen Gebieten auftauchen, hat die Mathematiker so fasziniert, daß sie einen eigenen Begriff für diese Strukturen festgesetzt haben:

Definition 1 (Gruppe)
Ein Gebilde (G, ∘), bestehend aus einer nicht leeren Menge G und einer Verknüpfung[1] ∘, heißt *Gruppe* genau dann, wenn gilt:

(G1)   (a ∘ b) ∘ c = a ∘ (b ∘ c) für alle a, b, c ∈ G (*Assoziativgesetz*).
(G2)   Es gibt ein Element e ∈ G (*neutrales Element*) mit
         e ∘ a = a für alle a ∈ G.
(G3)   Zu jedem a ∈ G gibt es ein a' ∈ G (*inverses Element zu a*) mit
         a' ∘ a = e.

Zusätzlich zu den von uns bereits festgestellten Eigenschaften wird in Definition 1 noch die *Assoziativität* der Verknüpfung verlangt.

Beispiele
($\mathbb{N}$,+) ist keine Gruppe, da es kein inverses Element für z. B. die "1" gibt.
($\mathbb{Z}$, +) ist eine Gruppe. Neutrales Element ist die 0, inverses Element zu a ∈ $\mathbb{Z}$ ist - a ∈ $\mathbb{Z}$.
($\mathbb{Z}$, ·) ist keine Gruppe, da es (mit Ausnahme der zu einander inversen Elemente 1 und -1) kein inverses Element zu a ∈ $\mathbb{Z}$ gibt.
($\mathbb{Q}$, ·) ist keine Gruppe, da es zu 0 kein inverses Element gibt.
($\mathbb{Q}\backslash\{0\}$, ·) ist eine Gruppe.
($\mathbb{R}$, +) ist eine Gruppe, ebenso ($\mathbb{R}\backslash\{0\}$,·).

Aufgrund der den Gruppen zugrunde liegenden allgemeinen Struktur kann man in einer Reihe von Fällen Beweise *ökonomischer* führen, als dies ohne Kenntnis der Gruppeneigenschaften der Fall wäre. Zusätzlich können sich *neue Einsichten* in die Natur vertrauter Phänomene ergeben.
Bevor wir den Gruppenbegriff für die Geometrie "fruchtbar" machen können,

---

[1]   Eine *Verknüpfung* ist eine Abbildung, die jeweils zwei Elementen von G genau ein Element von G zuordnet. In den natürlichen Zahlen sind z.B. die Addition und die Multiplikation eine Verknüpfung; die Division ist keine Verknüpfung, da das Ergebnis der Division zweier natürlicher Zahlen nicht immer eine natürliche Zahl ist.

brauchen wir allerdings noch einige elementare Sätze und Definitionen über Gruppen.

Satz 4

Sei $(G, \circ)$ eine Gruppe. Dann gilt:
(1) Für ein neutrales Element $e \in G$ gilt $a \circ e = a$.
(2) Ist a' inverses Element zu $a \in G$, dann gilt $a \circ a' = e$.

Beweis

Wir beweisen zunächst (2).
Sei a ein beliebiges Element von G, und a' ein Inverses zu a. Zu a' gibt es nach G3 ein $a'' \in G$ mit $a'' \circ a' = e$. Daraus ergibt sich:

$$
\begin{aligned}
& a \circ a' \\
&= e \circ (a \circ a') && \text{(G2)} \\
&= (a'' \circ a') \circ (a \circ a') && \text{(G3)} \\
&= a'' \circ (a' \circ (a \circ a')) && \text{(G1)} \\
&= a'' \circ ((a' \circ a) \circ a') && \text{(G1)} \\
&= a'' \circ (e \circ a') && \text{(Def. von } a') \\
&= a'' \circ a' && \text{(G2)}
\end{aligned}
$$

Wir haben hiermit gezeigt, daß $a \circ a' = a'' \circ a'$ ist. Wir wissen aber schon, daß
$$a'' \circ a' = e$$
ist. Also können wir jetzt folgern, daß
$$a \circ a' = e$$
ist. Damit ist (2) bewiesen.

Jetzt können wir (1) beweisen:
$$a \circ e = a \circ (a' \circ a) = (a \circ a') \circ a = e \circ a = a$$

Satz 5

Sei $(G, \circ)$ eine Gruppe. Dann gilt:
Es gibt *genau ein* neutrales Element $e \in G$. (d. h.: das neutrale Element ist eindeutig).

Beweis

Sei e_1 ein weiteres neutrales Element von G. Dann ist $e \circ e_1 = e_1$, da e neutrales Element ist. Es ist aber auch $e_1 \circ e = e$, da e_1 neutrales Element. Wegen Satz 4 gilt:
$$e \circ e_1 = e_1 \circ e.$$

Also gilt insgesamt:

$e = e_1 \circ e = e_1$, also $e = e_1$; d. h. es gibt *genau ein* neutrales Element.

Satz 6

Sei a ein beliebiges Element einer Gruppe (G, ∘). Dann gibt es zu a *genau ein* inverses Element a' $\in$ G mit a' ∘ a = e (d. h.: das inverse Element ist eindeutig).

Beweis

Sei $\overline{a}$ ein weiteres inverses Element zu a. Dann gilt:

$$
\begin{aligned}
\overline{a} &= \overline{a} \circ e & \text{(G2 und Satz 4)} \\
&= \overline{a} \circ (a \circ a') & \text{(G3 und Satz 4)} \\
&= (\overline{a} \circ a) \circ a' & \text{(G1)} \\
&= e \circ a' = a' & \text{(da } \overline{a} \text{ inverses Element zu a ist; G2)}
\end{aligned}
$$

Bemerkung:
Die soeben bewiesenen Sätze hätten auch in Definition 1 "aufgenommen" werden können. In dieser Form findet man dann auch die folgende Definition des Gruppenbegriffs:

Definition 1a (Gruppe)

Ein Gebilde (G, ∘), bestehend aus einer nicht leeren Menge G und einer Verknüpfung ∘, heißt *Gruppe* genau dann, wenn gilt:

(G1)   (a ∘ b) ∘ c = a ∘ (b ∘ c) für alle a, b, c $\in$ G (*Assoziativgesetz*).

(G2)   Es gibt *genau ein* Element e $\in$ G (*neutrales Element*) mit
e ∘ a = a ∘ e = a für alle a $\in$ G.

(G3)   Zu jedem a $\in$ G gibt es *genau ein* a' $\in$ G (*inverses Element zu a*) mit
a' ∘ a = a ∘ a' = e.

Wir wissen aus der Schulmathematik, daß in $\mathbb{R}$ bestimmte Gleichungen eindeutig lösbar sind, andere nicht.

So sind z.B. die Gleichungen
$$a + x = b \quad \text{und} \quad a \cdot x = b \text{ (mit } a \neq 0)$$
eindeutig lösbar.

Die eindeutige Lösbarkeit von Gleichungen hängt in vielen Fällen mit der Gruppenstruktur der Menge zusammen, aus der die betrachteten Zahlen stammen. Es gilt nämlich:

Satz 7
Sei $(G, \circ)$ eine Gruppe.
Dann gilt für alle a, b $\in$ G, daß die Gleichung

$a \circ x = b$

genau eine Lösung hat.

Beweis
Wir müssen zeigen, daß
(1)   die Gleichung (wenigstens) eine Lösung hat (*Existenz*), und
(2)   daß die existierende Lösung eindeutig bestimmt ist (*Eindeutigkeit*).

Wir zeigen zunächst die *Existenz* einer Lösung:
Wir bezeichnen das Inverse von a als a'. Dann ist $x = a' \circ b$ eine Lösung der Gleichung, denn beim Einsetzen von $a' \circ b$ für x in die Gleichung ergibt sich unter Benutzung des Assoziativgesetzes:

$a \circ x = a \circ (a' \circ b) = (a \circ a') \circ b = e \circ b = b$

Wie haben wir diese Lösung der Gleichung gefunden? Wir können die Gleichung wie eine "normale Zahlengleichung" auflösen und erhalten so das angegebene Ergebnis. Zur Illustration stellen wir die Auflösung einer solchen Gleichung neben die Auflösung der hier betrachteten Gleichung:

$a \circ x = b$	$3 + x = 12$	$\vert -3$
$\Rightarrow a' \circ (a \circ x) = a' \circ b$	$\Rightarrow \quad -3 + (3 + x) = -3 + 12$	
$\Rightarrow (a' \circ a) \circ x = a' \circ b$	$\Rightarrow \quad (-3 + 3) + x = -3 + 12$	
$\Rightarrow e \circ x = a' \circ b$	$\Rightarrow \quad 0 + x = -3 + 12 = 9$	
$\Rightarrow x = a' \circ b$	$\Rightarrow \quad x = -3 + 12 = 9$	

Es bleibt, die *Eindeutigkeit* der Lösung zu zeigen:
Dazu zeigen wir, daß zwei Lösungen x_1 und x_2 stets gleich sein müssen.
Gelte also:

$a \circ x_1 = b \quad$ und $\quad a \circ x_2 = b$

Dann gilt weiter:

$a \circ x_1 = a \circ x_2$
$\Rightarrow a' \circ (a \circ x_1) = a' \circ (a \circ x_2)$
$\Rightarrow (a' \circ a) \circ x_1 = (a' \circ a) \circ x_2$
$\Rightarrow e \circ x_1 = e \circ x_2$
$\Rightarrow x_1 = x_2$

Satz 8
Das neutrale Element ist zu sich selbst invers, d.h. es gilt: e ∘ e = e

Aufgabe

(6)   Den einfachen Beweis überlassen wir Ihnen.

Definition 2 (Untergruppe)
Eine *Untergruppe* einer Gruppe (G, ∘) ist eine nicht leere Teilmenge U von G, die ebenfalls eine Gruppe ist.

Satz 9
Sei (G, ∘) eine Gruppe. Dann ist (U, ∘) eine Untergruppe von G genau dann, wenn gilt:
   (0) $U \subseteq G$,
   (1) $e \in U$,
   (2)   Für alle a, b ∈ G gilt: a, b ∈ U ⇒ a ∘ b ∈ U.
   (3)   Für alle a ∈ G gilt: a ∈ U ⇒ a' ∈ U.

Beweis
Der Beweis ergibt sich unmittelbar aus der Definition.

Satz 10
Sei (G, ∘) eine Gruppe, U eine Teilmenge von G. Dann ist (U, ∘) genau dann eine Untergruppe von G, wenn folgendes gilt:

   (1) $U \neq \varnothing$,
   (2)   Für alle a,b ∈ G gilt: a, b ∈ U ⇒ a ∘ b' ∈ U
          (b' ist das inverse Element zu b).

Beweis
Wir nehmen zunächst an, daß die angegebenen Voraussetzungen gelten.
Da U wegen (1) nicht die leere Menge ist, gibt es ein Element a in U. Nach (2) ist dann a ∘ a' = e Element von U. Damit ist nachgewiesen, daß U das neutrale Element enthält.
Sei a nun ein beliebiges Element von U. Wegen (2) liegt e ∘ a' = a' in U. Damit ist gezeigt, daß zu jedem Element von U das Inverse in U liegt.
Also ist (U, ∘) eine Untergruppe von (G, ∘).

Die andere Beweisrichtung gilt trivialerweise.

Beispiele
Die ganzen Zahlen mit der Addition als Verknüpfung bilden eine Untergruppe
von $(\mathbb{Q}, +)$.
Die rationalen Zahlen mit der Addition als Verknüpfung bilden eine Untergruppe von $(\mathbb{R}, +)$.

5 Deckabbildungen und Gruppentheorie

Wir haben die Definition des Gruppenbegriffs mit Hilfe einiger Beobachtun-
gen an den Deckabbildungen des gleichseitigen Dreiecks bzw. des regelmäßigen Sechsecks motiviert. Es ist deshalb nicht überraschend, daß der
folgende Satz gilt:

Satz 11
Die Deckabbildungen des gleichseitigen Dreiecks bilden eine Gruppe. Dasselbe gilt auch für die Deckabbildungen des regelmäßigen Sechsecks.

Beweis
Wir führen den Beweis nur für das regelmäßige Dreieck. Der Beweis für das
regelmäßige Sechseck verläuft ganz analog.
Zunächst ist festzustellen, daß die Menge der Deckabbildungen zusammen mit
dem "Hintereinanderausführen" von Deckabbildungen ein *Verknüpfungs-
gebilde* ist. Ferner gilt:

(1) *Existenz des neutralen Elementes*
$D_0 = D_{360}$ ist das neutrale Element.

(2) *Existenz der inversen Elemente*
Zu jedem Element gibt es jeweils ein inverses Element. Wir haben bereits
früher festgestellt:

$$S_a \circ S_a = D_{360} \qquad S_b \circ S_b = D_{360}$$
$$S_c \circ S_c = D_{360}$$
$$D_{120} \circ D_{240} = D_{360} \qquad D_{240} \circ D_{120} = D_{360}$$
$$D_{360} \circ D_{360} = D_{360}$$

(3) *Assoziativgesetz*
Im vorliegenden Fall verknüpfen wir Abbildungen, also *Funktionen*, miteinander. Für die Verkettung von drei Funktionen f, g, h gilt stets das Assoziativgesetz

$f \circ (g \circ h) = (f \circ g) \circ h,$

da die Verknüpfung hier lediglich die *Hintereinanderausführung* der Abbildungen ist. Damit gilt für jeden Punkt P

$(f \circ (g \circ h))(P) = f((g \circ h)(P)) = f(g(h(P)))$

$((f \circ g) \circ h)(P) = (f \circ g)(h(P)) = f(g(h(P)))$

Also gilt: $f \circ (g \circ h) = (f \circ g) \circ h$

Aufgaben

(7) In Aufgabe 1 haben Sie die Verknüpfungstafel für die Deckdrehungen eines Rechtecks aufgestellt, das kein Quadrat ist. Zeigen Sie, daß diese Menge eine Gruppe bildet.

(8) Beweisen Sie:

Satz 12
Die Drehungen des gleichseitigen Dreiecks bilden eine Untergruppe der Deckabbildungen des gleichseitigen Dreiecks.

(9) a) Geben Sie für die folgenden beiden Figuren alle Deckabbildungen an.

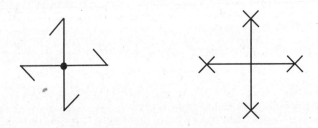

   b) Stellen Sie die Verknüpfungstafel auf und zeigen Sie, daß die Deckabbildungen zusammen mit der Verknüpfung "Hintereinanderausführen" eine Gruppe bilden.
   c) Bestimmen Sie für beide Gruppen alle Untergruppen. Sie können (den in diesem Buch nicht bewiesenen Satz) benutzen, daß die Elementezahl einer Untergruppe (die Ordnung der Untergruppe) die Ordnung der Gruppe teilt.

Wir haben weiter oben gesehen, daß man in den dort betrachteten Beispielen zu einer gegebenen Drehung D und einer Spiegelung S stets eine Spiegelung S' finden konnte derart, daß D ∘ S' = S gilt.

Daß dies *stets* funktioniert, haben wir noch *nicht* bewiesen.

Die Gruppeneigenschaft der Menge der Deckabbildungen ermöglicht uns jetzt jedoch einen einfachen Beweis. Besonders beachtenswert ist, daß dieser Beweis einer *geometrischen* Aussage an *keiner* Stelle auf *geometrische* Aussagen zurückgreift. Es wird lediglich auf die Tatsache zurückgegriffen, daß die Deckabbildungen eine Gruppe bilden, und daß die Deckdrehungen eine Untergruppe dieser *Gruppe* darstellen.

Wir führen den Beweis für die Deckabbildungen des regelmäßigen Sechsecks. Für die Deckabbildungsgruppen - auch *Symmetriegruppe* genannt - anderer regelmäßiger Figuren kann er analog geführt werden.

Satz 13

Gegeben sei die Deckabbildungsgruppe des regelmäßigen Sechsecks. A und B seien Elemente der Gruppe. Dann gibt es stets genau eine Deckabbildung X mit

A ∘ X = B

Wenn

(1)   A und B Drehungen sind, ist X eine Drehung,

(2)   A eine Drehung und B eine Spiegelung ist, ist X eine Spiegelung,

(3)   A eine Spiegelung und B eine Drehung ist, ist X eine Spiegelung,

(4)   A und B Spiegelungen sind, ist X eine Drehung.

Beweis

Existenz und Eindeutigkeit von X ergeben sich unmittelbar aus Satz 7. Der Satz 13 macht aber darüber hinaus eine Aussage darüber, unter welchen Bedingungen X eine Drehung bzw. eine Spiegelung ist.

Wir benutzen beim Beweis dieser zusätzlichen Aussage den Umstand, daß die Drehungen des regelmäßigen Sechsecks eine (Unter)gruppe der Gruppe der Deckabbildungen bilden.

Die Teilaussage (1) gilt aufgrund der Gruppenstruktur der Drehungen des Sechsecks. X ist damit zunächst in dieser Untergruppe eindeutig bestimmt und damit auch in der Gruppe eindeutig gegeben.

Teilaussage (2) zeigen wir indirekt: Wenn X eine Drehung wäre, dann wäre nach (1) A ∘ X eine Drehung und keine Spiegelung.

Auch (3) zeigen wir indirekt: Wir nehmen an, X sei eine Drehung. Da
$A \circ X = B$ gemäß Voraussetzung eine Drehung ist, muß gelten:
Auch $(A \circ X) \circ X' = A \circ (X \circ X') = A$ ist eine Drehung, im Widerspruch zur
Voraussetzung.

Der Nachweis von (4) verlangt etwas mehr Aufwand.

Wir bezeichnen die Drehungen der Deckabbildungsgruppe des regelmäßigen
Sechsecks als D_1, ..., D_6 und die Spiegelungen als S_1, ..., S_6.

Wir gehen wieder indirekt vor und nehmen an, es gäbe zwei Spiegelungen A
und B derart, daß die Lösung X der Gleichung $A \circ X = B$ eine Spiegelung ist.

Da X gemäß der indirekten Annahme eine Spiegelung sein soll, muß gelten
$X \in \{S_1, ..., S_6\}$. Sei also $X = S_i$ mit $i \in \{1, 2, 3, 4, 5, 6\}$. Da auch B eine
Spiegelung sein soll, muß gelten $B \in \{S_1, ..., S_6\}$.
Sei also $B = S_j$ mit $j \in \{1, 2, 3, 4, 5, 6\}$

Aus (3) ergibt sich, daß die Gleichungen
$$A \circ X = D_1, \quad A \circ X = D_2, ..., \quad A \circ X = D_6$$
Spiegelungen als Lösungen haben, die paarweise verschieden sein müssen, da
auch die Abbildungen D_1, ..., D_6 paarweise verschieden sind. Eine dieser Gleichungen muß dann S_i als Lösung haben. Die zugehörige Drehung bezeichnen
wir als D_k.
Damit erhalten wir $A \circ S_i = D_k$.
Andererseits hatten wir gemäß Voraussetzung $A \circ S_i = S_j$; bei der Verknüpfung $A \circ S_i$ müßte sich demnach eine Abbildung ergeben, die zugleich Spieg-
lung und Drehung ist. Dies ist offensichtlich unmöglich.

6 Symmetrien - Das Haus der Vierecke

Wir haben gleichseitige Dreiecke, Quadrate und regelmäßige Sechsecke bisher
unter dem Gesichtspunkt betrachtet, daß sie durch bestimmte Abbildungen -
die Deckabbildungen - auf sich abgebildet werden. Wir wollen uns in diesem
Abschnitt darauf konzentrieren, daß diese Figuren auch *symmetrisch* sind.
Dabei beschäftigen wir uns hier nur mit *Vierecken*.
Die folgende Abbildung zeigt das sogenannte *Haus der Vierecke*, das die
logischen Abhängigkeiten wiedergibt.

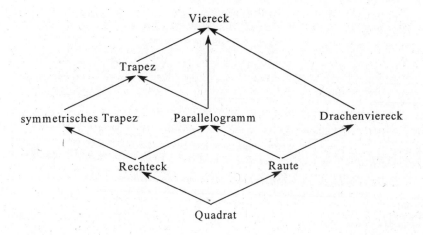

· In der Richtung der Pfeile ergibt sich:
− Jedes Quadrat ist ein Rechteck
− Jedes Quadrat ist eine Raute
− Jedes Rechteck ist ein Parallelogramm
− Jedes Quadrat ist
  ein Parallelogramm
− usw. ...

Im folgenden werden wir - abgesehen vom "allgemeinen" Viereck - nur noch die *symmetrischen* Vierecke betrachten. In der folgenden Abbildung sind die jeweiligen Spiegelachsen eingezeichnet.

Aufgabe

(10) Ergänzen Sie die Abbildung um die Angabe der *Drehsymmetrien*.

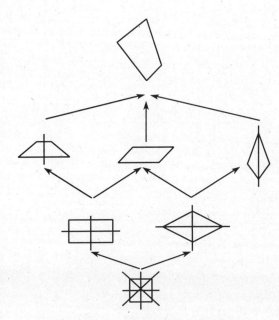

158

Das Quadrat besitzt die meisten Achsensymmetrien, nämlich bezüglich der Spiegelachsen g_1, g_2, g_3, g_4 (vgl. nebenstehende Abbildung). Die Spiegelungen an den Geraden g_1, g_2, g_3, g_4 werden als S_1, S_2, S_3, S_4 bezeichnet.

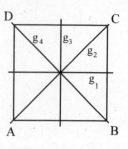

Wir werden im folgenden sehen, daß wir sämtliche symmetrischen Vierecke charakterisieren können durch Symmetrieabbildungen, die jeweils eine Untergruppe der Deckabbildungsgruppe des Quadrates bilden. Wir beginnen deshalb mit der Verknüpfungstafel für die Deckabbildungen des Quadrates.

$\circ$	D_0	D_{90}	D_{180}	D_{270}	S_1	S_2	S_3	S_4
D_0	D_0	D_{90}	D_{180}	D_{270}	S_1	S_2	S_3	S_4
D_{90}	D_{90}	D_{180}	D_{270}	D_0	S_2	S_3	S_4	S_1
D_{180}	D_{180}	D_{270}	D_0	D_{90}	S_3	S_4	S_1	S_2
D_{270}	D_{270}	D_0	D_{90}	D_{180}	S_4	S_1	S_2	S_3
S_1	S_1	S_4	S_3	S_2	D_0	D_{270}	D_{180}	D_{90}
S_2	S_2	S_1	S_4	S_3	D_{90}	D_0	D_{270}	D_{180}
S_3	S_3	S_2	S_1	S_4	D_{180}	D_{90}	D_0	D_{270}
S_4	S_4	S_3	S_2	S_1	D_{270}	D_{180}	D_{90}	D_0

Der Verknüpfungstafel können wir unmittelbar die Untergruppen der Deckabbildungsgruppe des Quadrates entnehmen:

G_1: $(\{D_0, D_{90}, D_{180}, D_{270}, S_1, S_2, S_3, S_4\}, \circ)$
G_2: $(\{D_0, D_{90}, D_{180}, D_{270}\}, \circ)$
G_3: $(\{D_0, D_{180}, S_1, S_3\}, \circ)$ G_4: $(\{D_0, D_{180}, S_2, S_4\}, \circ)$
G_5: $(\{D_0, D_{180}\}, \circ)$ G_6: $(\{D_0, S_1\}, \circ)$ G_7: $(\{D_0, S_2\}, \circ)$
G_8: $(\{D_0, S_3\}, \circ)$ G_9: $(\{D_0, S_4\}, \circ)$ G_{10}: $(\{D_0\}, \circ)$

Diese Untergruppen können wir (vgl. die folgende Abbildung) den verschiedenen Vierecktypen zuordnen:

Von oben nach unten gelesen zeigt sich dabei, daß die Symmetriegruppe eines Vierecks stets eine Untergruppe des mit ihm verbundenen tiefer liegenden Vierecks ist.

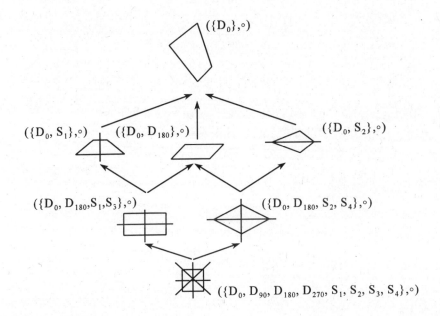

Es fällt auf, daß wir bis auf die Ausnahme

G_2: $(\{D_0, D_{90}, D_{180}, D_{270}\}, \circ)$

für alle Untergruppen ein korrespondierendes symmetrisches Viereck gefunden haben. Das ist kein Zufall:

In einem Viereck, das durch 90°-, 180°- und 270°-Drehungen auf sich abgebildet werden kann, müssen alle vier Winkel übereinstimmen. Damit ergibt sich zunächst, daß das Viereck ein Rechteck sein muß. Da nichtquadratische Rechtecke aber durch die Drehung D_{90} *nicht* auf sich abgebildet werden, muß ein solches Viereck sogar ein Quadrat sein und hat damit die Symmetriegruppe

G_1: $(\{D_0, D_{90}, D_{180}, D_{270}, S_1, S_2, S_3, S_4\}, \circ)$.

Es gibt also kein symmetrisches Viereck, dessen Symmetriegruppe nur aus den vier Deckdrehungen besteht.

Wir sehen:

Auch beim Begriff der Untergruppe gibt es interessante Bezüge zwischen der formal gruppentheoretischen Betrachtung und geometrischen Aspekten.

Aufgaben

(11) Entwickeln Sie entsprechend dem "Haus der Vierecke" das "Haus der Dreiecke". Gehen Sie von der Symmetriegruppe des regelmäßigen Dreiecks aus und bestimmen Sie zunächst alle Untergruppen.
Überlegen Sie, ob es für jede der Untergruppen eine Dreiecksform gibt, die genau diese Untergruppe als Symmetriegruppe hat.

(12) Man kann ein Quadrat durch Eintragung von "Markierungspunkten" so verändern, daß es genau die Deckabbildungsgruppe ($\{D_0, D_{90}, D_{180}, D_{270}\}$), $\circ$) als Symmetriegruppe hat.
Wählen Sie für jede der Untergruppen der Deckabbildungsgruppen des Quadrates eine entsprechende "Punktierung" derart, daß die neue Figur genau diese Untergruppe als Deckabbildungsgruppe hat.

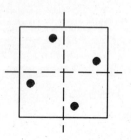

(13) Identifizieren Sie in dem Parkett aus Aufgabe 5 achsen- bzw. drehsymmetrische Teilfiguren.

7 Die Deckabbildungen der Ebene

Wir haben bisher Spiegelung und Drehung nur am Beispiel einiger regelmäßiger n-Ecke betrachtet. Für den zurückgestellten Beweis von Satz 2 sowie für die in Abschnitt 8 zu betrachtenden Bandornamente müssen wir diese und weitere Abbildungen allgemein definieren.

7.1 Die Spiegelung

Die Spiegelung an einer Geraden definieren wir folgendermaßen:

Definition 3 (Spiegelung)

Gegeben sei eine Gerade g. Eine Abbildung der Ebene auf sich heißt *Spiegelung* an g, kurz S_g, wenn sie den Punkten der Ebene wie folgt Bildpunkte zuordnet:

(1) Wenn P auf g liegt, setzt man:
$S_g (P) = P$.

(2) Wenn P *nicht* auf g liegt, konstruiert man einen
Punkt P' wie folgt: Man zeichnet die Gerade h, die
durch P geht und senkrecht auf g steht. Die Gerade
schneidet g in Q. P' ist so zu wählen, daß P' von P
verschieden ist und $|PQ| = |P'Q|$ gilt.[2]
Wir setzen:
$S_g (P) = P'$

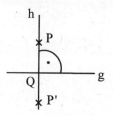

7.2 Die Drehung

Die *Drehung* definieren wir wie folgt:

Definition 4 (Drehung)
Gegeben seien ein Punkt M und ein Winkel α. Eine
Abbildung der Ebene auf sich heißt *Drehung gegen
den Uhrzeigersinn*[3] *um α mit dem Drehzentrum M*,
wenn sie den Punkten der Ebene wie folgt Bildpunkte
zuordnet:

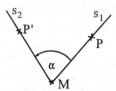

(1) Das Drehzentrum M wird auf sich selbst abgebildet:
$D_{M; \alpha} (M) = M$

(2) Wenn P von M verschieden ist, konstruiert man einen Bildpunkt P' wie
folgt:
Man zeichnet eine Halbgerade s_1, die den Anfangspunkt M und den
zweiten Punkt P hat, indem man M mit P verbindet und über P hinaus
verlängert. Dann zeichnet man eine zweite Halbgerade s_2 mit Anfangspunkt M derart, daß s_1 und s_2 den Winkel α einschließen. *Dabei wird α
stets gegen den Uhrzeigersinn gemessen.* Auf s_2 wählt man P' derart, daß
$|MP| = |MP'|$.

---

[2] Dabei bezeichnet für zwei Punkte A und B $|A\,B|$ die *Länge* der Verbindungsstrek-
ke von A nach B.

[3] Die Formulierung *gegen den Uhrzeigersinn* werden wir im folgenden fortlassen.
Lediglich dann, wenn diese Bedingung *nicht* erfüllt ist - wenn also *im Uhrzeigersinn* gedreht wird - werden wir dies erwähnen.

Wir setzen: $D_{M,\alpha}(P) = P'$

Wir haben nun die Mittel, Satz 2 zu beweisen.

Satz 2a

g und h seien zwei Geraden, die sich in M schneiden. α sei
der Winkel, den g und h miteinander einschließen, wenn
man g gegen den Uhrzeigersinn auf h dreht.
Dann gilt:

$S_h \circ S_g = D_{M,2\alpha}$,

d.h., für alle Punkte P der Ebene ist

$(S_h \circ S_g)(P) = D_{M,2\alpha}(P)$

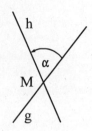

Beweis

Schritt 1: *Überprüfung der Behauptung*
Zeichnen Sie die Figur ab. Spiegeln
Sie versuchsweise verschiedene
Punkte (*zuerst an g, dann an h!*)
und überprüfen Sie so die Behaup-
tung.

Schritt 2: *Erster Beweisversuch in
einem einfachen Fall*
Der nebenstehenden Zeichnung ist
folgendes zu entnehmen:

(1) M wird durch $S_h \circ S_g$ auf sich
     abgebildet.

(2) Für jeden anderen Punkt P gilt:
     a) $|MP| = |MP''|$
     b) Der Winkeı zwischen den Halbgraden s_1 und s_2 ist $2\beta + 2\gamma = 2\alpha$.

Damit ist gezeigt, daß $S_h \circ S_g$ eine Drehung mit dem Drehzentrum M um den
Winkel 2α ist.

Schritt 3: *Untersuchung des Beweises auf All-
gemeingültigkeit*
Der vorliegende Beweis ist deshalb so einfach, weil
der abzubildende Punkt in dem schraffierten Bereich
liegt. Deshalb wird der Punkt nach der Spiegelung an
g an der Geraden h "weitergespiegelt", so daß sich

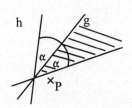

eine einfache Addition der Winkel ergibt.

Wenn P - wie eingezeichnet - *außerhalb* dieses Bereichs liegt, muß man andere Überlegungen anstellen.

Schritt 4: *Untersuchung eines weiteren Falles*

Ausgehend von unseren ursprünglichen Überlegungen kennzeichnen wir die Winkel in unserer Zeichnung.

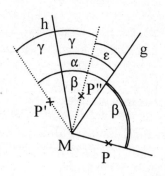

Der Winkel ϱ, um den P gedreht werden muß, um mit P'' zur Deckung zu gelangen, ist ϱ = β + ε.

Für β und ε können wir die folgenden Gleichungen aufstellen:

$$\beta = \alpha + \gamma \quad \text{und} \quad \varepsilon = \alpha - \gamma$$

Daraus folgt für den Winkel ϱ:

$$\varrho = \beta + \varepsilon = \alpha + \gamma + \alpha - \gamma = 2\alpha$$

Schritt 5: *Weitere Untersuchung des Falles von Schritt 4*

Wenn man den Winkel β immer größer wählt, kommt schließlich P'' nicht mehr in das von g und h eingeschlossene Winkelfeld zu liegen. Sind die Überlegungen von Schritt 4 dann weiterhin gültig?

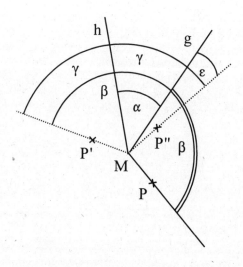

In diesem Fall muß bei der Berechnung von ϱ der Winkel ε von β *abgezogen* werden. Es gilt demnach:

$$\varrho = \beta - \varepsilon$$

Weiter gelten die Gleichungen: $\beta = \alpha + \gamma$ und $\varepsilon = \gamma - \alpha$

Wir erhalten: $\varrho = \alpha + \gamma - (\gamma - \alpha) = 2\alpha.$

Die Überlegungen sind also auch in diesem Fall richtig.

Schritt 6: *Rückblick: Sind wir jetzt fertig?*

Bei der vorgegebenen Lage der beiden Geraden sind noch weitere Fälle denkbar, die wir hier noch nicht behandelt haben. Auch kann man sich fragen, wie die Situation aussieht, wenn die beiden keinen spitzen Winkel miteinander bilden. Die folgende Aufgaben gehen auf solche Fälle ein.

Mit etwas Sorgfalt kann man alle denkbaren Möglichkeiten aufstellen und einzeln untersuchen. Dies soll hier jedoch nicht geschehen.

Aufgaben

(14) Die vorgegebene Situation behandelte den Fall, daß g und h einen spitzen Winkel einschließen. Denkbar ist aber auch, daß g und h stumpfe Winkel oder sogar Winkel > 180° einschließen. Analysieren Sie einen solchen Fall.

(15) Zeigen Sie, daß die Aussage von Satz 2a ($S_h \circ S_g = D_{M;\,2\alpha}$) auch für die folgenden Lagen von P gilt:

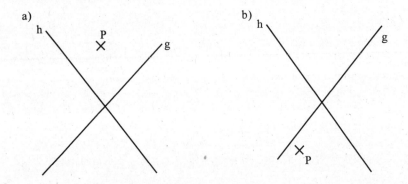

Zeigen Sie, daß der Satz auch gilt, wenn zuerst an h und dann an g gespiegelt wird.

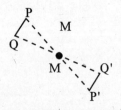

7.3 Die Punktspiegelung

Bei der Punktspiegelung wird das zu spiegelnde Objekt nicht an einer Geraden, sondern - wie es der Name sagt - an einem Punkt M "gespiegelt".

Definition 5 (Punktspiegelung)

Gegeben sei ein Punkt M. Eine Abbildung der Ebene auf sich heißt *Punktspiegelung an M*, wenn sie den Punkten P der Ebene wie folgt Bildpunkte P' zuordnet:

(1) Der Punkt M wird auf sich abgebildet.

(2) Wenn P von M verschieden ist, zieht man von P aus eine Verbindungsstrecke zum Punkt M, die man über M hinaus verlängert. P' liegt auf dieser Verlängerung derart, daß P und P' den gleichen Abstand von M haben.

P' ist also so konstruiert, daß gilt: Die Verbindungsstrecke vom Urpunkt zum Bildpunkt geht durch den Mittelpunkt der Punktspiegelung und wird von ihm halbiert. Es gilt also: $|M\,P| = |M\,P'|$

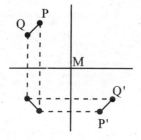

Man erhält die Punktspiegelung aber auch durch Verknüpfung von zwei Geradenspiegelungen. Die beiden Geraden müssen dabei senkrecht aufeinander stehen. Der Mittelpunkt der Punktspiegelung ist dabei der Schnittpunkt der beiden Geraden.

Die Punktspiegelung ist also ein Spezialfall einer Drehung (eine Drehung setzt sich, wie wir in Satz 2a gesehen haben, aus zwei Spiegelungen zusammen), sie entspricht hierbei, da die Spiegelachsen senkrecht aufeinander stehen, einer Drehung um $2 \cdot 90° = 180°$.

Damit ist klar, daß die Punktspiegelung wirklich eine Deckabbildung ist. Diese Abbildung ist allein durch die Lage des Mittelpunktes bestimmt, also auch alleine durch ein einziges Paar zugeordneter Punkte P und P'.

7.4 Die Parallelverschiebung

Bei der Parallelverschiebung werden alle Punkte des zu spiegelnden Objektes in gleicher Richtung um Strecken gleicher Länge parallel verschoben.

Die gerichteten Verbindungsstrecken von den Urpunkten zu den Bildpunkten heißen "Verschiebungspfeile".

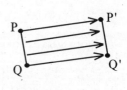

Diese Abbildung ist eindeutig und bereits durch einen einzigen Verschiebungspfeil bestimmt. Es ist also unnötig, mehrere (bzw. alle) Verschiebungspfeile einzuzeichnen, einer reicht hier völlig aus.

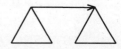

Wir nennen diese Verschiebungspfeile *Vektoren*.

Definition 6 (Verschiebung)

Gegeben sei ein Vektor $\vec{v}$. Eine Abbildung der Ebene auf sich heißt *Verschiebung um* $\vec{v}$, wenn sie den Punkten der Ebene wie folgt Bildpunkte zuordnet:

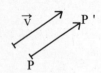

Zu jedem Punkt P zeichnet man P' derart, daß der Vektor von P nach P' parallel und gleichgerichtet zu $\vec{v}$ ist.

Die Parallelverschiebung hat die folgenden Eigenschaften: Jede Strecke wird bei der Parallelverschiebung auf eine gleichlange, parallele Strecke abgebildet; jeder Winkel wird auf einen gleichgroßen Winkel abgebildet. Die Parallelverschiebung ist also eine Deckabbildung, da zwei deckungsgleiche Figuren entstehen.

Satz 14

g und h seien zwei zueinander parallele Geraden mit dem Abstand a. $\vec{v}$ sei der von h zu g zeigende Vektor, der auf h senkrecht steht und die Länge a hat.
Dann gilt: Die Verknüpfung $S_g \circ S_h$ ist gleich der Verschiebung um den Vektor $2\vec{v}$.

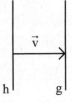

Beweis

Der Beweisaufbau entspricht der Vorgehensweise beim Beweis von Satz 2a, ist aber erheblich einfacher. Sie können ihn als Übungsaufgabe führen.

Aufgabe

(16) g und h seien zwei parallele Geraden. $\vec{v}$ sei der "Abstandsvektor" von g nach h.
Im folgenden Bild sind zwei mögliche Lagen eines Punktes P eingezeichnet. Wählen Sie folgende Bezeichnungen:

$$S_g(P) = P' \qquad S_h(P') = P''$$

Zeigen Sie, daß der Vektor $\vec{v}_{PP''}$[4] gleich dem Vektor $2\,\vec{v}$ ist. Da $\vec{v}_{PP''}$ offenkundig parallel und gleichgerichtet zu $\vec{v}$ ist, brauchen Sie nur noch zu zeigen, daß $\vec{v}_{PP''}$ in den beiden betrachteten Fällen doppelt so lang wie $\vec{v}$ ist.

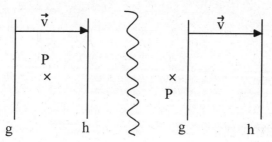

7.5 Die Schubspiegelung

Wir begnügen uns mit einer kurzen Charakterisierung dieser Abbildung.

Definition 7 (Schubspiegelung)
Die *Schubspiegelung* besteht aus einer Geradenspiegelung, welche mit einer Parallelverschiebung verknüpft wird. Der Vektor (Verschiebungspfeil) der Parallelverschiebung liegt dabei auf der Geraden, an der gespiegelt wird.

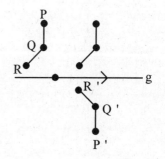

Achtung: Auch wenn es auf den ersten Blick so aussieht, die Schubspiegelung ist *nicht* mit der Punktspiegelung identisch! Das folgende Bild macht dies deutlich:

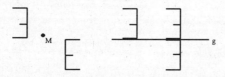

---

[4] $\vec{v}_{PP''}$ ist der von P nach P'' zeigende Vektor.

8 Bandornamente

Mit Hilfe der Deckabbildungen lassen sich dekorative Muster erzeugen. Wir betrachten im folgenden die sogenannten *Bandornamente*, zu deren Erzeugung man alle Deckabbildungen mit Ausnahme der Drehungen verwenden kann. Bandornamente werden aus einer einzigen Grundfigur erzeugt, z.B.:
Diese Grundfigur verschieben wir jetzt mehrfach und erhalten:

Oft ist es allerdings sinnvoll, die Verschiebungsachse und den Verschiebungspfeil mit anzugeben. Weitere Beispiele:

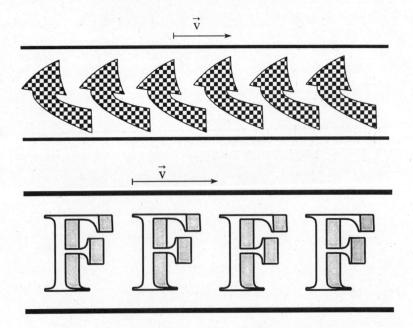

Weitere solcher Muster erhält man, wenn die Grundfigur nicht nur parallel, sondern mit Hilfe einer Schubspiegelung verschoben wird. Die Grundfigur wird hier also zuerst an der "Mittelparallelen" des Ornaments gespiegelt und dann verschoben.

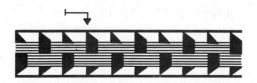

Aufgabe

(17) Zeichnen Sie die Grundfigur dieses Bandornaments.

Wieder andere Muster erhält man, wenn man die Grundfigur - z.B.  - zunächst an der Mittelparallelen spiegelt und dann die sich insgesamt ergebende Figur verschiebt:

In diesem Beispiel hätten wir anstelle der asymmetrischen Grundfigur auch den symmetrischen Ausschnitt aus dem Bandornament wählen können.

Wir wollen jetzt noch Beispiele für Muster betrachten, bei denen man von vornherein von einer symmetrischen Grundfigur ausgeht.
Hier kann man zwei Fälle unterscheiden: eine punkt- und eine achsensymmetrische Grundfigur.
Zunächst ein Beispiel für ein Ornament mit punktsymmetrischer Grundfigur:

Neben dem Symmetriepunkt in der Grundfigur gibt es hier noch weitere Symmetriepunkte, sie liegen genau zwischen zwei Grundfiguren.

Aufgabe

(18) Suchen Sie die Symmetriepunkte des Ornaments.

Das folgende Ornament hat eine achsensymmetrische Grundfigur.

Ein weiteres Beispiel für Muster mit einer achsensymmetrischen Grundfigur:

In beiden Beispielen entsteht zusätzlich zur Symmetrieachse der Grundfigur eine weitere Achse in der Mitte zwischen zwei Grundfiguren.

Wir wollen jetzt die behandelten Figuren unter einem Oberbegriff zusammenfassen und bezeichnen sie als *Bandornamente*. Beim Versuch einer Definition dieses Begriffs wird man zunächst von der Vielfalt der Ornamente und der mit ihnen verbundenen Abbildungen "erschlagen". Wenn man die Grundfigur jedoch nicht von vornherein "minimal" wählt, sondern auch achsen- oder punktsymmetrische Grundfiguren zuläßt, kommt man bei der Beschreibung der Bandornamente mit Verschiebungen, Achsenspiegelungen und Schubspiegelungen aus:

Definition 8 (Bandornament)
Man nennt eine geometrische Figur *Bandornament mit der Grundfigur $\mathscr{F}$*, wenn sie aus der Grundfigur auf eine der folgenden Weisen erzeugt wird:

(1) Gegeben sind unendlich viele zueinander parallele Geraden, die voneinander stets gleich weit entfernt sind. Das Bandornament besteht aus allen Bildern, die durch Hintereinanderausführung von Spiegelungen von $\mathscr{F}$ an diesen Geraden erzeugt werden.

(2) Gegeben ist ein Verschiebungsvektor $\vec{v}$. Das Bandornament besteht aus allen Bildern, die durch Verschiebung um ein ganzzahliges Vielfaches von $\vec{v}$ erzeugt werden. (Handelt es sich um ein "negatives Vielfaches", so wird nach links verschoben).

(3) Gegeben ist eine Schubspiegelung. Das Bandornament besteht aus allen Figuren, die entstehen, wenn die Schubspiegelung bzw. ihr Inverses mehrfach hintereinander auf die Grundfigur angewendet werden.

Bei unserer Definition ist die Grundfigur eines gegebenen Bandornaments nicht eindeutig bestimmt, wie das folgende Beispiel zeigt:

Dieses Bandornament läßt sich gemäß obiger Definition auf verschiedene Arten erzeugen:

 Im linken Fall ist die Grundfigur so gewählt, daß das Ornament durch Mehrfachanwendung von *Verschiebungen* erzeugt wird. Im rechten Fall muß die Figur zunächst *gespiegelt* werden.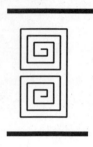

9 Die Deckabbildungsgruppe von Bandornamenten

Bisher haben wir gefragt, wie man aus einer gegebenen Grundfigur ein Bandornament *erzeugen* kann. Im folgenden gehen wir von einem "fertigen" Ornament aus und fragen, welche Abbildungen das Ornament unverändert lassen.

9.1 Ein einfaches Ornament

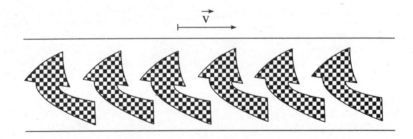

Bei dem obigen Ornament haben wir den Verschiebungsvektor $\vec{v}$ bereits eingezeichnet. Für jede ganze Zahl k wird $k \cdot \vec{v}$ wie folgt gebildet:

(1) Für $k = 0$ ist $k \cdot \vec{v}$ die Identität

(2) Für $k > 0$ ist $k \cdot \vec{v}$ der Vektor, der parallel und gleichgerichtet zu $\vec{v}$ und k mal so lang wie $\vec{v}$ ist.

(3) Für $k < 0$ ist $k \cdot \vec{v}$ der Vektor, der parallel und entgegengerichtet zu $\vec{v}$ und k mal so lang wie $\vec{v}$ ist.

173

Damit wird das Ornament von allen Verschiebungen um k · $\vec{v}$ (k ganzzahlig) unverändert gelassen. Es gilt:

Satz 15
Die Verschiebungen k · $\vec{v}$ mit ganzzahligem k sind Deckabbildungen des obigen Ornaments. Sie bilden eine Gruppe. Die Verknüpfung ist das Hintereinanderausführen zweier Verschiebungen.

Beweis
Das Ergebnis der Hintereinanderausführung zweier Verschiebungen k · $\vec{v}$ und m · $\vec{v}$ ist:

$$(k \cdot \vec{v}) \circ (m \cdot \vec{v}) = (k + m) \cdot \vec{v}.$$

Damit ergibt sich unmittelbar, daß das Assoziativgesetz für die Verknüpfung gilt, und daß das neutrale Element der Nullvektor o · $\vec{v}$ ist.
Zum Vektor k · $\vec{v}$ ist der Vektor (- k) · $\vec{v}$ invers.

9.2 Ein achsen- und verschiebungssymmetrisches Ornament

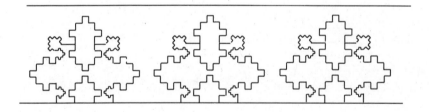

Bei diesem Ornament stellen wir fest, daß es sowohl bezüglich der Verschiebung um passend gewählte Vektoren als auch bezüglich unendlich vieler Spiegelungen symmetrisch ist.
Wenn wir die Gruppe der Deckabbildungen beschreiben wollen, genügt es offensichtlich nicht, lediglich die Spiegelachsen einzuzeichnen. Wir benötigen vielmehr ein Bezeichnungssystem für diese Achsen.
Wir wählen versuchshalber ein System, das dem Zahlenstrahl entspricht:

174

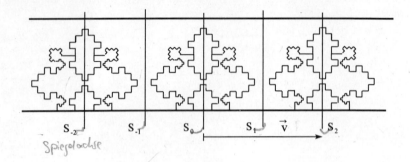

S_{-2} S_{-1} S_0 S_1 $\vec{v}$ S_2

Spiegelachse

Wir haben hier also mindestens die folgenden Deckabbildungen:
Verschiebungen $\vec{v}_k = k \cdot \vec{v}$ (k ganzzahlig)
Spiegelungen S_k (k ganzzahlig)

Bilden auch diese Deckabbildungen eine Gruppe, so wie wir es im vorigen
Abschnitt bei einem einfachen Ornament beobachten konnten?
Zur Beantwortung müssen wir zuerst die verschiedenen Verknüpfungsmöglichkeiten der angegebenen Deckabbildungen untersuchen.

(1)   *Verknüpfung zweier Verschiebungen*
Die Verknüpfung zweier Verschiebungen wurde bereits im vorigen Abschnitt
behandelt.

(2)   *Verknüpfung zweier Spiegelungen*
Die Analyse der Verknüpfung zweier Spiegelungen verlangt etwas mehr
Aufwand:

Schritt 1: *Wir betrachten Beispiele*

$S_1 \circ S_0 = \vec{v}_1$ (*) $1 - 0 = 1$

$S_0 \circ S_1 = \vec{v}_{-1}$ (**) $0 - 1 = -1$

$S_2 \circ S_1 = \vec{v}_1$ $2 - 1 = 1$

$S_1 \circ S_{-1} = \vec{v}_2$ $1 - (-1) = 2$

Schritt 2: *Wir suchen eine Gesetzmäßigkeit*
Wie bei den Deckabbildungen des Sechsecks nehmen wir zunächst an, es gäbe
für das Ergebnis der Verknüpfung zweier Spiegelungen einen Zusammenhang
der Gestalt:

$S_i \circ S_j = \vec{v}_{(a \cdot i) + (b \cdot j)}$

und stellen dementsprechend zwei Gleichungen auf. Wir beginnen versuchshalber mit (*) und (**).

$$a \cdot 1 + b \cdot 0 = 1$$
$$a \cdot 0 + b \cdot 1 = -1$$

Wir erhalten:

$$S_i \circ S_j = \vec{v}_{i-j}$$

Schritt 3: *Interpretation und Begründung der Gleichung*
Wenn $i > j$ ist, stellt $i - j$ den positiv gemessenen Abstand zwischen den Spiegelachsen S_i und S_j dar. Die Verschiebung $\vec{v}_{i-j}$ ist wegen der Wahl des "Basis-Verschiebungsvektors" eine Verschiebung um den doppelten Abstand. Damit entspricht die gefundene Gleichung genau der Aussage von Satz 14. Entsprechendes gilt für $i < j$.
Bei $i = j$ ist $S_i \circ S_j$ die Identität. Rechnerisch ergibt sich der Nullvektor, so daß die Gleichung auch in diesem Fall korrekt ist.

(3)   *Verknüpfung einer Spiegelung mit einer Verschiebung*
Wir betrachten nur den Fall $S_i \circ \vec{v}_k$. Der Fall $\vec{v}_k \circ S_i$ wird analog behandelt. Auch hier können wir wieder so vorgehen wie bei den Deckabbildungen des Sechsecks, indem wir $\vec{v}_k$ geeignet "zerlegen".

$$S_i \circ \vec{v}_k = S_i \circ (S_i \circ S_{i-k}) = S_{i-k}$$

Damit haben wir die Voraussetzungen für den Beweis des folgenden Satzes geschaffen:

Satz 16
Die Deckabbildungen des obigen Bandornaments bilden eine Gruppe.

Beweis
Die entscheidende Arbeit ist im vorigen Abschnitt geleistet worden, indem wir gezeigt haben, daß die verschiedenen Möglichkeiten der Verknüpfung von Spiegelungen und Verschiebungen nicht aus der Menge der Verschiebungen und Spiegelungen herausführen.
Die Existenz eines neutralen Elementes ist ebenfalls gegeben, da der Nullvektor in der Gruppe liegt.
Da Spiegelungen zu sich selbst invers sind und $\vec{v}_{-k}$ zu $\vec{v}_k$ invers ist, hat jedes Element ein Inverses.
Das Assoziativgesetz ist gleichfalls erfüllt.

Aufgaben

(19) Bestimmen Sie sämtliche Deckabbildungen der folgenden beiden Bandornamente:

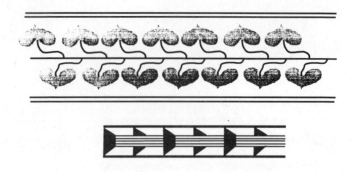

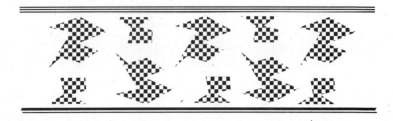

(20) Geben Sie für das folgende Bandornament alle Deckabbildungen an. Bestimmen Sie ferner alle Verknüpfungsmöglichkeiten zwischen den Deckabbildungen.

(21) a) Geben Sie für die beiden Bandornamente alle Deckabbildungen an.

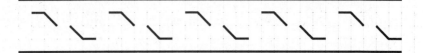

Dabei ist für die in Frage kommenden Verschiebungen bei jedem der beiden Ornamente ein Verschiebungspfeil anzugeben, aus dem sich die gesamten Verschiebungen "ableiten" lassen. Beim ersten Bandornament sind ferner die Mittelpunkte der in Frage kommenden Punktspiegelungen einzuzeichnen. Dabei ist ein Mittelpunkt als M_0 festzulegen, die anderen werden dann "wie auf einem Zahlenstrahl" durchnumeriert.

b) Untersuchen Sie für die Deckabbildungen der beiden Bandornamente jeweils alle Verknüpfungsmöglichkeiten. Die Ergebnisse sind jeweils allgemein zu formulieren. Das Vorgehen ist nachvollziehbar zu dokumentieren.

10 Symmetrieargumente bei arithmetischen Sätzen

Viele arithmetische Aussagen lassen sich auf anschauliche Art mit Hilfe elementarer geometrischer Überlegungen beweisen. Sehr häufig kommen dabei Argumentationen zum Tragen, die auf anschauliche Aspekte symmetrischer Figuren zurückgreifen (vgl. dazu auch die Ausführungen des folgenden Abschnitts).

Wir geben im folgenden manchmal nur die Veranschaulichungen an. Finden Sie in diesen Fällen selbst heraus, welche arithmetische Aussage damit bewiesen wird. Begründen Sie, warum das jeweilige Bild einen korrekten - wenn auch "anschaulichen" - Beweis darstellt.

Die Summe zweier ungerader Zahlen
... ist gerade!

Die Summe der ersten n natürlichen Zahlen
Das folgende Bild veranschaulicht die Summenformel für $1 + 2 + 3 + \ldots + n$.

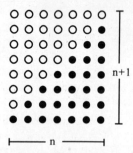

Die Summe der ersten n ungeraden Zahlen

Das Bild veranschaulicht die Formel für $1 + 3 + 5 + ... + (2n-1)$.

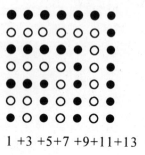

$$1 + 3 + 5 + 7 + 9 + 11 + 13$$

Gerade Quadratzahlen

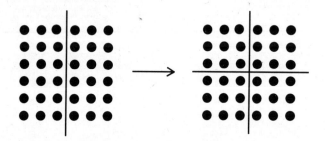

Wenn n^2 gerade ist, dann auch n!

Aufgaben

(22) Zeigen Sie mit Hilfe geometrischer Überlegungen:
a) Die Summe zweier gerader Zahlen ist gerade.
b) Das Produkt zweier gerader Zahlen ist gerade.
c) Das Produkt einer geraden und einer ungeraden Zahl ist gerade.
d) Das Produkt zweier ungerader Zahlen ist ungerade.

(23) Welche der folgenden Aussagen sind wahr, welche falsch?

a) Wenn n^2 durch 3 teilbar ist, dann ist n durch 3 teilbar.

b) Wenn n^2 durch 4 teilbar ist, dann ist n durch 4 teilbar.

c) Wenn n^3 durch 2 teilbar ist, dann ist n^3 durch 8 teilbar.

Falsche Aussagen widerlegen Sie durch ein Gegenbeispiel; bei richtigen Aussagen ist eine geometrische Begründung zu finden.

(24) Ermitteln Sie aus den Bildern die Gleichungen für

a) Die Summe der ersten n natürlichen Zahlen.

b) Die Summe der ersten n ungeraden Zahlen.

V Ein Ausblick

Eine *Vertiefung*, *Ergänzung* und *Systematisierung* der hier behandelten Inhalte enthält der Band "Geometrie" dieser Reihe, der für das Hauptstudium konzipiert ist. Auch dieser Band wendet sich wieder sowohl an Studierende im weiteren Fach Mathematik als auch an Studierende mit Mathematik als Schwerpunktfach. Dazu an dieser Stelle ein kurzer Ausblick.

Graphentheorie

Die *Graphentheorie* ergänzen wir hier um einige klassische Ergebnisse und Probleme:

Färbbarkeit

Wir haben in diesem Band *Zweifarbensätze* kennengelernt und einschränkende Bedingungen formuliert, unter denen ein Graph mit zwei Farben korrekt gefärbt werden kann.

Was läßt sich mit unseren Mitteln zeigen, wenn wir keinerlei Voraussetzungen über die Graphen machen? In Kapitel 1 wurde bereits festgestellt, daß der *Vierfarbensatz* außerhalb unserer Beweismöglichkeiten liegt. Ein bescheideneres Ergebnis liegt aber im Bereich unserer Möglichkeiten: wir werden zeigen, daß jede Landkarte mit höchstens *sechs* Farben korrekt gefärbt werden kann.

Rundwege

Beim *Problem des Straßeninspektors* ging es darum, in einem Graphen jeden *Bogen* genau einmal zu "durchfahren". Diese Fragestellung hat uns zu den Eulerschen Rundwegen geführt.

Wir stellen uns jetzt das *Problem des Handlungsreisenden*. Dieser will nicht jede Straße genau einmal befahren, sondern jede Stadt genau einmal besuchen. Bei dieser Fragestellung geht es demnach um Wege durch den Graphen, bei denen jeder *Knoten* genau einmal "besucht" wird.

Zusätzlich zu diesen *Ergänzungen* werden die bereits bekannten Ergebnisse in neuer Form "wiederholt": Dabei wird der Schwerpunkt darauf liegen, den Weg von der "heuristischen Arbeitsweise" dieses Buches zu der "üblichen" mathematischen Notation aufzuzeigen.

Vertiefte Behandlung der Schulgeometrie

Die Ausführungen dieses Buches greifen an vielen Stellen auf Wissen aus der Schulgeometrie zurück.

In diesem Teil des Folgebandes für das Hauptstudium werden wir zwei "klassische Gebiete" der Schulgeometrie behandeln:
- Satzgruppe des Pythagoras
- Winkelsätze in Dreiecken, Vierecken und Kreisen

Die Behandlung dieser - in der Regel - bekannten Sätze wird dabei das Ziel verfolgen, exemplarisch aufzuzeigen, wie mathematische Theorien aufgebaut sind. Die vorgestellten kleinen Theorien geben damit gute Beispiele für *Lokales Ordnen* (im Sinne von Freudenthal).

In diesem Kapitel werden neben der Frage des lokalen Ordnens wieder heuristische Fragen der Beweisfindung sowie die rückblickende Analyse von Beweisen im Vordergrund stehen.

Raumgeometrie

Dieses Buch enthielt gelegentlich Skizzen räumlicher Objekte. Ferner wurden *Faltmodelle* einiger Körper hergestellt. Der Folgeband für das Hauptstudium wird am Beispiel der *Herstellung von Faltmodellen von Häusern* darauf eingehen,

– wie man die für einen Nachbau von räumlichen Objekten erforderlichen Informationen durch *Dreitafel-Projektion* grafisch darstellt,

– wie man mit Hilfe der Dreitafel-Projektion räumliche Zeichnungen in *Kavalierperspektive* und *Militärperspektive* herstellt, und

– wie aus den gegebenen Daten ein Ausschneide-Bogen gezeichnet werden kann, den man zu einem Modell des Hauses zusammenkleben kann.

Axiomatik

Die Beweise des vorliegenden Buches sind in der Regel wenig formal gehalten. Insbesondere werden nur wenige Grundbegriffe definiert, bei vielen anderen Begriffen wird vorausgesetzt, daß der Leser/ die Leserin "weiß, was gemeint ist".

Im vorigen Abschnitt über die Schulgeometrie wurde bereits erwähnt, daß dort die Frage im Vordergrund stehen wird, wie mathematische Theorien aufgebaut werden. Dabei wird immer noch "lokal geordnet", das heißt, es werden nur die *zentralen* Begriffe definiert und nur die *zentralen* Sätze bewiesen. Vieles andere wird undefiniert und unbewiesen bleiben.

In einem kleinen Abschnitt über Axiomatik werden wir zeigen, welches Gesicht die Geometrie bekommt, wenn sie von "Grund auf aufgebaut wird".

Auch in diesem Abschnitt wird besonderer Wert auf die Behandlung der Frage gelegt, *wie* man die einzelnen Beweise selbst führen kann. Häufig wird der Beweisweg in *Rückblicken* noch einmal überdacht. Charakteristisch für die Konzeption dieses Kapitels ist die Anlage in drei "Schichten":

– Eine erste Schicht enthält einen kurzen axiomatischen Aufbau der Geometrie bis zu den Kongruenzsätzen, der in sieben bis acht Vorlesungs-Doppelstunden behandelt werden kann. Hier werden nur zentrale Sätze mit klar vermittelbaren Beweis-Ideen bewiesen. Anschaulich klare Sätze mit eher "technischen" Beweisen werden formuliert, bleiben aber unbewiesen.

– Die zweite Schicht enthält ergänzende Sätze über die Relation *steht senkrecht auf* sowie den Nachweis, daß jede Kongruenz-Abbildung sich aus höchstens drei Spiegelungen zusammensetzt. Dieser Teil ist eher für Studierende mit Mathematik als Schwerpunktfach geeignet.

– Die dritte Schicht schließlich enthält die in den ersten beiden Schichten unbewiesen gebliebenen Sätze.

Anhang

Lösungen zu den Aufgaben

Kapitel I

(2) Wir können die Aufgabe unter Bezug auf Satz 1 lösen:
Gemäß Satz 1 haben entweder alle Knoten gerade Ordnung, oder es gibt genau zwei Knoten ungerader Ordnung.
Wenn es nur Knoten gerader Ordnung gibt, müssen Anfangs- und Endknoten übereinstimmen. Also ist dieser Fall aufgrund der Voraussetzung ausgeschlossen.

Da wir die in der Aufgabe formulierte Behauptung beim Beweis von Satz 1 unbewiesen gelassen hatten, soll hier noch ein Beweis wiedergegeben werden, der sich nicht auf die Gültigkeit von Satz 1 beruft.

Wenn ein Eulerscher Bogenzug existiert, bei dem Anfangs- und Endknoten verschieden sind, dann können wir diese Knoten k_a und k_e nennen. Wir können den Eulerschen Bogenzug jetzt wie folgt notieren:

$$k_a - k_1 - k_2 - \dots - k_n - k_e$$

Für jeden von k_a und k_e verschiedenen Knoten des Graphen gilt:
Jedes Vorkommen im Bogenzug erhöht die Ordnung um 2; wenn also k_i m_i-mal vorkommt, hat k_i die Ordnung $2 m_i$.

Für k_a gilt: der Start trägt einen Bogen zur Ordnung von k_a bei. Jedes weitere Vorkommen von k_a erhöht die Ordnung von k_a um 2.
Da $k_a \neq k_e$, ist damit die Ordnung von k_a ungerade. Dasselbe gilt entsprechend für k_e. Damit gibt es im Graphen genau 2 Knoten ungerader Ordnung, nämlich k_a und k_e.

(4) a) Ein Gegenbeispiel ist der nebenstehende Graph.
b) Der Bogenkreis muß eine ungerade Anzahl von Gebieten umschließen.

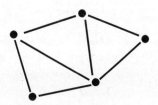

(6) a)

b) Überlegung: Die Existenz einer Meersalzgewinnungsanlage führt auf *zwei* Gebiete, da die "äußere See" mitgezählt wird.

Es gibt stets ein Gebiet mehr als Salzgewinnungsanlagen.
Wir haben hier also   7 Inseln - Knoten,

                          6 Deiche - Bögen

und   2 Gebiete.

$$\Rightarrow k - b + g = 7 - 6 + 2 = 3$$

Das steht im Widerspruch zum Eulerschen Satz, denn der zum Inselsystem gehörende Graph ist notwendig planar.

c)

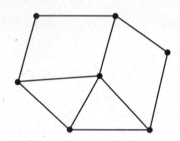

d) Es gilt:

$$7 - 12 + 9 = 4$$

Die Anlage ist wegen des Eulerschen Satzes nicht möglich.

(7) a) zum Beispiel: $\bigtriangledown$ $\bigtriangledown$

b) Sei G ein beliebiger zweigeteilter Graph. Wir wählen in Teilgraph 1 und Teilgraph 2 je einen Knoten. Diese beiden Knoten werden durch eine Brücke verbunden. Dabei werden die beiden Knoten so gewählt, daß die Brücke keinen der alten Bögen kreuzt.

Graph 1   Graph 2

Für den neuen Graph gilt die Eulersche Formel. Wenn der alte Graph b Bögen hat, hat der neue b + 1 Bögen. Daraus folgt:

$$k - (b + 1) + g = 2 \implies k - b + g = 3.$$

(8) a)

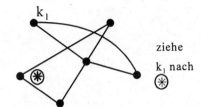

ziehe

k_1 nach Ⓧ

ziehe

k_2 nach Ⓐ

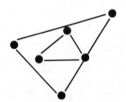

olé **!**

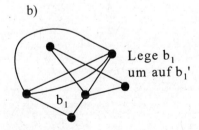

b)

Lege b_1
um auf b_1'

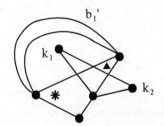

Ziehe k_1 und k_2 auf $\ast$ bzw. ▲

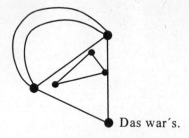

Das war´s.

c) geht nicht, $V_{3,3}$ ist enthalten:

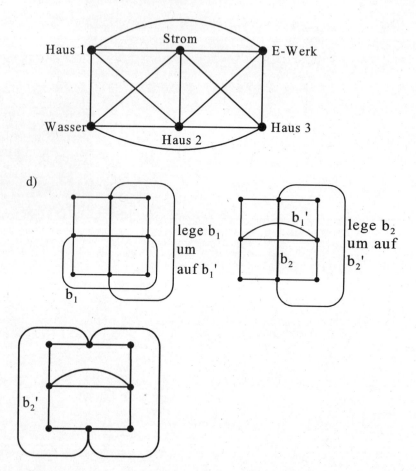

Haus 1 — Strom — E-Werk

Wasser — Haus 2 — Haus 3

d)

lege b_1
um
auf b_1'

b_1

b_1'

b_2

lege b_2
um auf
b_2'

b_2'

(9)   a) Nehmen wir an, $V_{3,3}$ sei plättbar. Dann gibt es einen zu $V_{3,3}$ äquiva-

lenten zusammenhängenden Graphen. Dieser Graph hat dieselbe Zahl von Bögen, Knoten und Gebieten. Nun gibt es in $V_{3,3}$ 9 Bögen und 6 Knoten.

Das gilt damit auch für den zu $V_{3,3}$ äquivalenten planaren Graphen. In diesem Graphen gilt die Eulersche Formel

$$k - b + g = 2$$
$$\Rightarrow 6 - 9 + g = 2$$
$$\Rightarrow \quad g = 5$$

Es gibt demnach zu diesem Graphen 5 Gebiete.

Jedes Gebiet wird von einem Bogenkreis umschlossen. In $V_{3,3}$ enthalten aber die Bogenkreise mindestens 4 Bögen.

Wir haben damit $4 \cdot 5 = 20$ Grenzen. *

Jeder Bogen kann nur Grenze für 2 Gebiete sein. Mit 9 Bögen erhält man demnach maximal 18 Grenzen. Dies steht im Widerspruch zu der bei * ermittelten Zahl von 20 Grenzen.

Aus der Annahme, $V_{3,3}$ sei plättbar, folgt demnach ein Widerspruch. Also ist $V_{3,3}$ nicht plättbar.

b) Wir gehen von $V_{3,2}$ aus:

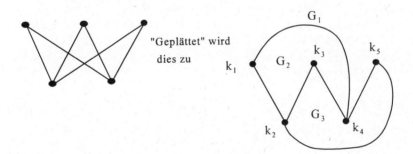

Dieser Graph enthält die drei Gebiete G_1, G_2, G_3.

Wenn wir k_6 jetzt in G_1 legen, können wir von k_6 aus nicht k_3 "kreuzungsfrei" erreichen.

Wenn wir k_6 in G_2 legen, läßt sich k_5 nicht kreuzungsfrei erreichen.

Wenn wir k_6 in G_3 legen, läßt sich k_1 nicht kreuzungsfrei erreichen.

Dabei spielt es keine Rolle, *wie* $V_{3,2}$ "geplättet" wurde:
Betrachten wir z. B. den unten abgebildeten Graphen, so sehen wir,
daß auch hier der sechste Knoten nicht "passend" plaziert werden
kann.

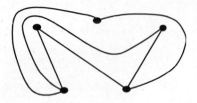

Der Grund: Im geplätteten Graphen $V_{3,2}$ umschlossen die Bogenfolgen

$(k_1, k_2) (k_2, k_3) (k_3, k_4) (k_4, k_1)$ das Gebiet G_2
$(k_1, k_2) (k_2, k_5) (k_5, k_4) (k_4, k_1)$ das Gebiet G_1 (als "äußeres" Gebiet)
$(k_2, k_3) (k_3, k_4) (k_4, k_5) (k_5, k_2)$ das Gebiet G_3.

Dieselben Bogenfolgen bilden auch hier die 3 Gebiete.

(10) a) nicht äquivalent, weil die Zahl der Bögen nicht übereinstimmt.
   b) nicht äquivalent: Der rechte Graph enthält zwei Knoten der Ordnung
      5, der linke nur einen. Bei der äquivalenten Abbildung eines Graphen
      auf einen anderen muß aber die Ordnung der Knoten erhalten bleiben.
   c) äquivalent

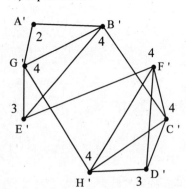
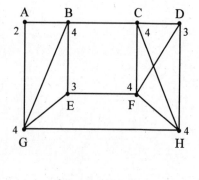

(11) a)

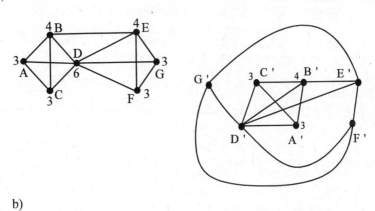

b)

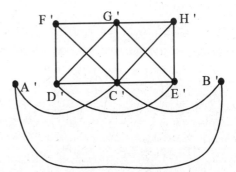

(12) a) Der Graph kann nicht gezeichnet werden, da er 5 Knoten ungerader Ordnung enthalten müßte. Dies steht im Widerspruch zu Satz 10.

b)

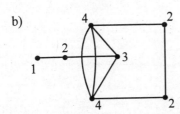

(13) a) Wir bezeichnen die einzelnen Gebiete wie folgt:

192

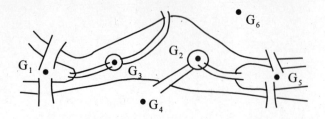

Dann ergibt sich der Graph:

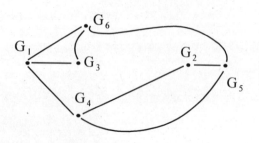

Die Knoten G_1, G_6, G_4, G_5 haben die Ordnung 3. Gemäß Satz 1 gibt es in diesem Graph keinen Eulerschen Bogenzug. Ein Weg gemäß den Forderungen existiert also nicht.

b) Wir müssen zwei der Knoten mit ungerader Ordnung mit einem neuen Bogen verbinden. Dann gibt es nämlich nur noch genau zwei Knoten mit ungerader Ordnung. Wir wählen den geschlängelt gezeichneten Bogen von G_1 nach G_4.

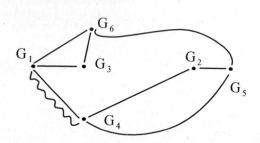

Damit ergibt sich:

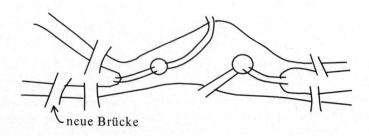

neue Brücke

c) Formal gesehen sind 6 Brücken möglich:
   (1)   von G_1 nach G_4
                        G_5
                        G_6
   (2)   von G_4 nach G_5
                        G_6
   (3)   von G_5 nach G_6

   Jede dieser Brücken - wenn jeweils genau eine neu gebaut wird - führt dazu, daß man nur genau zwei Knoten der Ordnung 3 und genau zwei der Ordnung 4 erhält. Der Graph ist damit Eulersch. Es gibt einen den Regeln entsprechenden Spazierweg.

   Eine Brücke von G_1 nach G_5 ist offenbar unsinnig.

(14) a) Man geht wie beim Beweis für die in das Rechteck eingezeichneten Geraden vor. Wenn ein neuer Kreis eingezeichnet wurde, färbt man *innerhalb* dieses Kreises alle Gebiete von schwarz in weiß und von weiß in schwarz um. Außerhalb des Kreises läßt man die Farben unverändert.

b) Die Behauptung ist nicht richtig. Die Suche nach einem Gegenbeispiel überlassen wir Ihnen.

(15) Wenn das außen liegende Gebiet nicht gefärbt werden soll, erfüllt der Graph - bezogen auf die restlichen Gebiete - genau die Voraussetzungen von Satz 13. Der Beweis kann ganz analog geführt werden.

(16) Das außen liegende Gebiet kann für die einzelnen Teilgraphen gleich eingefärbt werden. Für jeden einzelnen Teilgraphen kann der Färbungssatz angewandt werden, als seien die anderen nicht vorhanden.

(17) Ja. Die in jedes der Gebiete neu eingezeichneten Knoten werden in diesem Fall durch *zwei* Bögen verbunden.

Kapitel II

(3)   Wir setzen voraus, daß stets gilt: $(k \cdot m) \cdot e = k \cdot (m \cdot e)$.

(4)   x cm *muß* gemäß der Annahme über die *Existenz einer Maßeinheit* eindeutig bestimmt sein. Aufgrund der Additivität gilt weiter:
           $b + x = a$.

Daraus folgt die Behauptung.

(5) Man zeichnet die Figur wie rechts wiedergegeben. a, b, c sind der Reihe nach

$\sqrt{2}$ cm, $\sqrt{3}$ cm, $\sqrt{4}$ cm, ...

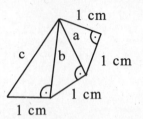

(6) Bei diesem Verfahren krümmt die entstehende Spirale sich "auf sich selbst zurück".

(7) Notfalls hilft ein Schulbuch der Sekundarstufe I weiter.

(8) Setzen Sie die Reihe von Rechtecken fort (und schließen rechts außen noch ein Dreieck an). Die Breite beträgt jeweils 0,5 cm. Die Höhe läßt sich anhand der Parabel-Gleichung ausrechnen.

Wenn Sie die einzelnen Flächeninhalte ausrechnen und dann addieren, erhalten Sie einen Flächeninhalt, der etwas größer als der Inhalt der von der Parabel eingeschlossenen Fläche ist.

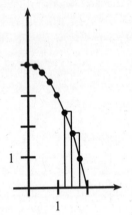

In analoger Weise können Sie auch *innen liegende* Rechtecke zeichnen und berechnen.

(9) Der Beweis läßt sich in vielen Schulbüchern nachlesen.

(10) Die Beweise verlaufen analog zum Beweis für das Dreieck.

(11) a) $F_n(r) = n \cdot \dfrac{1}{2} \cdot g_n(r) \cdot h_n(r)$

$\Rightarrow 2F_n(r) = n \cdot g_n(r) \cdot h_n(r)$

$\Rightarrow 2F_n(r) = U_n(r) \cdot h_n(r)$

Für $n \to \infty$ ergibt sich:

$$2 \pi r^2 \text{ cm}^2 = 2F_{\circ}(r) = U_{\circ}(r) \cdot r \text{ cm}$$

$$\Rightarrow 2 \pi r \text{ cm} = U_{\circ}(r)$$

b) $n \cdot g_n(1) = U_n(1)$

$\Rightarrow n \cdot (g_n(1) \cdot r) = U_n(r)$

$\Rightarrow U_n(1) \cdot r = U_n(r)$

Für $n \to \infty$ ergibt sich:

$\Rightarrow 2 \pi \cdot r \text{ cm} = U_{\circ}(1) \cdot r = U_{\circ}(r)$

(12) Hier betrachtet man eine *Kugelschale* der Dicke h und geht ansonsten analog vor:
Ihr Rauminhalt ist
- größer als der eines Quaders mit Höhe h, der eine Grundfläche hat, die gleich dem Flächeninhalt der Oberfläche der inneren Kugel ist, und
- kleiner als der eines Quaders mit Höhe h, der eine Grundfläche hat, die gleich dem Flächeninhalt der Oberfläche der äußeren Kugel ist.

(13) Das innere Quadrat hat den Flächeninhalt:

$$F_{in} = 4a^2 \text{ cm}^2.$$

Das äußere Quadrat hat den Flächeninhalt

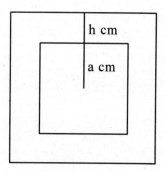

$$F_{äu} = (2a + 2h)^2 \text{ cm}^2$$
$$= 4a^2 + 8ah + 4h^2$$

Damit hat der "Quadratring" die Fläche

$$F_{äu} - F_{in} = 8ah + 4h^2$$

Wir bezeichnen jetzt den Umfang des inneren Quadrates mit U(a), den Umfang des äußeren Quadrates mit U(a + h).
Wenn man sich jetzt U(a) · h und U(a + h) · h jeweils als Flächeninhalt von Rechtecken vorstellt, wird die folgende Ungleichungskette unmittelbar klar:

$$U(a) \cdot h \leq 8ah + 4h^2 \leq U(a+h) \cdot h$$

Daraus folgt wie bei den Berechnungen für den Kreis:
$$U(a) = 8a.$$

(15) Für die Maßzahlen der Volumina nach der ersten, zweiten, ... Sprossung ergibt sich:

$$V(1) = 1$$

$$V(2) = 1 + 5 \cdot (\frac{1}{3})^3 = 1 + 5 \cdot \frac{1}{27}$$

$$V(3) = 1 + 5 \cdot (\frac{1}{3})^3 + 5^2 \cdot [(\frac{1}{3})^2]^3 = 1 + \frac{5}{27} + (\frac{5}{27})^2$$

Daraus läßt sich das allgemeine Bildungsgesetz leicht ablesen. Den Grenzwert der Volumina bestimmt man mit Hilfe der Formel für die geometrische Reihe.

Für die Maßzahlen der Flächeninhalte ergibt sich:

$$O(1) = 5 \qquad O(2) = 5 + 4 \cdot 5 \cdot (\frac{1}{3})^2 = 5 + 4 \cdot \frac{5}{9}$$

$$O(3) = 5 + 4 \cdot 5 \cdot (\frac{1}{3})^2 + 4 \cdot 5^2 \cdot (\frac{1}{3^2})^2 = 5 + 4 \cdot \frac{5}{9} + 4 \cdot (\frac{5}{9})^2$$

Auch hier ergibt sich also wieder eine geometrische Reihe mit endlichem Grenzwert.

(16) Für die obere Grenze zeichnen wir Parallelogramme wie in der Skizze.
Wir erhalten für die Gesamtfläche aller Parallelogramme bei einer Unterteilung in n Teilfiguren:

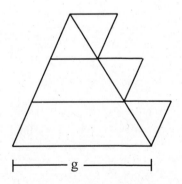

$$g \cdot \frac{h}{n} + \left(\frac{n-1}{n}\right) \cdot g \cdot \frac{h}{n} + \dots + \left(\frac{1}{n}\right) \cdot g \cdot \frac{h}{n}$$

$$= \frac{n}{n} \cdot g \cdot \frac{h}{n} + \left(\frac{n-1}{n}\right) \cdot g \cdot \frac{h}{n} + \dots + \left(\frac{1}{n}\right) \cdot g \cdot \frac{h}{n}$$

$$= g \cdot h \cdot \frac{1}{n^2} \, (n + \dots + 1)$$

$$= g \cdot h \cdot \frac{1}{n^2} \cdot \frac{n \cdot (n+1)}{2} = \frac{g \cdot h}{2} \cdot \left(1 + \frac{1}{n}\right)$$

Entsprechendes gilt für die Abschätzung "nach unten".
Für $n \to \infty$ folgt die Flächenformel für das Dreieck.

(18) Zwei der Seitenflächen der Pyramide müssen senkrecht auf der Grundfläche stehen. Andernfalls würden sich keine Prismen für die näherungsweise Berechnung ergeben.

Kapitel III

Die Aufgaben (1) bis (7) dürften Ihnen keine Schwierigkeiten bereiten. Ein
Tip zu Aufgabe

(8) Schon der erste Fall, *vier Rechtecke übereinander*, enthält zwei grundsätzlich verschiedene
Möglichkeiten. Hier lassen sich bereits sehr viele verschiedene Netze gewinnen.

Sie fahren dann mit *drei Rechtecke übereinander* fort.

(9) Sie können von den im Text behandelten Netzen
der Pyramide mit quadratischer Grundfläche ausgehen. Ersetzen Sie in
diesen Netzen das Quadrat durch ein gleichseitiges Dreieck.
Es bleibt zu untersuchen, ob durch dieses Vorgehen Netze deckungs-
gleich werden, die vorher verschieden waren.

198

(11) Sie können mit den Ergebnissen aus 3.1 rechnen.

(12) Zweimalige Anwendung des Satzes des Satzes von Pythagoras führt zum Erfolg.

(13) Sie können wie in der folgenden allgemeiner formulierten Aufgabe vorgehen.

(14) a) Für die Diagonale d gilt:

$$d^2 = 4^2 + 6^2 = 52 \text{ (Satz des Pythagoras)}$$

$$\Rightarrow d = \sqrt{52}$$

Damit gilt für x :

$$x = \frac{1}{2} d = \frac{1}{2} \sqrt{52}$$

Auch das Dreieck BME ist rechtwinklig. Deshalb gilt wiederum gemäß dem Satz des Pythagoras:

$$h^2 + x^2 = k^2$$

$$\Rightarrow k^2 = 36 + \left(\frac{1}{2} \sqrt{52}\right)^2 = 49$$

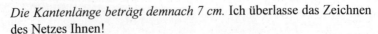

Die Kantenlänge beträgt demnach 7 cm. Ich überlasse das Zeichnen des Netzes Ihnen!

b) Zunächst gilt gemäß dem Satz des Pythagoras:

$$d^2 = a^2 + b^2 \Rightarrow d = \sqrt{a^2 + b^2} \Rightarrow x = \frac{1}{2} \sqrt{a^2 + b^2}$$

Wiederum gemäß Satz des Pythagoras gilt:

$$h^2 + x^2 = k^2 \Rightarrow h^2 + \left(\frac{1}{2} \sqrt{a^2 + b^2}\right)^2 = k^2$$

$$\Rightarrow h^2 + \frac{1}{4} \cdot (a^2 + b^2) = k^2 \Rightarrow k = \sqrt{h^2 + \frac{1}{4}(a^2 + b^2)}$$

c) Wir können x gemäß a) als $x = \dfrac{1}{2} \sqrt{52}$ bestimmen.

Es gilt weiter nach dem Satz des Pythagoras:

$$k^2 = x^2 + h^2 \quad \Rightarrow \quad h^2 = k^2 - x^2 \quad \Rightarrow \quad h^2 = 36 - (\tfrac{1}{2} \sqrt{52})^2 = 23$$

Demnach beträgt die Länge der Höhe ca. 4,8 cm.

(17) Wenn Sie Ihrem räumlichen Vorstellungsvermögen nicht vertrauen, basteln Sie sich kleine Modelle und überprüfen Sie daran Ihre Ergebnisse.

(20) Überlegen Sie, wie viele Zentimeter Sie in Gedanken nach rechts, nach oben und nach hinten gehen müssen, um zu dieser Ecke zu gelangen. Dann wenden Sie zweimal den Satz des Pythagoras an.

Kapitel IV

(1) Es gibt nur die zwei Drehungen D_0 und D_{180}. Die Tafel besteht aus vier Feldern, deren Inhalt leicht zu bestimmen ist.

(2) Sie können Beispiele betrachten und dann wie beim Beweis von Satz 3 vorgehen. Wir wählen hier jedoch einen anderen Weg, der das Ergebnis von Satz 3 benutzt.

Wir gehen davon aus, daß $S_\alpha \circ D_\beta$ eine Spiegelung ist. Diese nennen wir S_x. Es gilt:

$$(S_\alpha \circ D_\beta) \circ (D_{360-\beta} \circ S_\alpha) = S_\alpha \circ (D_\beta \circ D_{360-\beta}) \circ S_\alpha = S_\alpha \circ D_0 \circ S_\alpha = D_0$$

Mit Satz 3 gilt:
$$D_{360-\beta} \circ S_\alpha = S_{<\alpha + 180 - \beta/2>} = S_{<\alpha - \beta/2>}$$
Damit ergibt sich:
$$S_x \circ (D_{360-\beta} \circ S_\alpha) = S_x \circ S_{<\alpha - \beta/2>} = D_0$$
Da S_x nur mit sich selbst verknüpft D_0 ergibt, erhalten wir:
$$S_\alpha \circ D_\beta = S_{<\alpha - \beta/2>}$$

(3) Wir geben zum Teil auch die erforderlichen Nebenrechnungen wieder.

a) $S_{30} \circ D_{60} = S_{30} \circ (S_{30} \circ S_{180}) =$ NR: Ziel:

$(S_{30} \circ S_{30}) \circ S_{180} = S_{180}$

$D_{60} = S_{\alpha'} \circ S_{\beta'}$ $D_{60} = S_{30} \circ S_{\beta'}$

$60 = 2\,\alpha' - 2\,\beta'$

$60 = 2 \cdot 30 - 2\,\beta'$

$\beta' = 0 \;\Rightarrow\; \beta = 180$

$D_{60} = S_{30} \circ S_{180}$

b) $S_{150} \circ D_{180} = S_{150} \circ (S_{150} \circ S_{60})$ NR:

$= (S_{150} \circ S_{150}) \circ S_{60}$ $D_{180} = S_{150} \circ S_{\beta'}$

$= S_{60}$ $180 = 2 \cdot 150 - 2\,\beta'$

$\beta' = 60$

$D_{180} = S_{150} \circ S_{60}$

c) $D_{300} \circ S_{90} = (S_{60} \circ S_{90}) \circ S_{90}$ NR:

$= S_{60} \circ (S_{90} \circ S_{90})$ $D_{300} = S_{\alpha'} \circ S_{90}$

$= S_{60}$ $300 = 2\,\alpha' - 180$

$\alpha' = 240 \;\Rightarrow\; \alpha = 60$

$D_{300} = S_{60} \circ S_{90}$

d) $D_{180} \circ S_{60} = (S_{150} \circ S_{60}) \circ S_{60}$ NR:

$= S_{150} \circ (S_{60} \circ S_{60})$ $D_{180} = S_{\alpha'} \circ S_{60}$

$= S_{150}$ $180 = 2\,\alpha' - 2 \cdot 60$

$\alpha' = 150 \;\Rightarrow\; \alpha = 150$

$D_{180} = S_{150} \circ S_{60}$

e) $S_{30} \circ S_{150} = D_{[2 \cdot 30 - 2 \cdot 150]} = D_{[-240]} = D_{120}$

f) $S_{150} \circ S_{30} = D_{240}$

(4) Sie gelten auch für das Quadrat.

(5) Es handelt sich um verschiedene Rauten.

Benennen Sie die unterschiedlichen Winkel als α, β etc. Suchen Sie verschiedene Knoten, in denen solche Rauten zusammenstoßen. Da sich jeweils ein Vollkreis ergibt, können Sie Gleichungen aufstellen, etwa $2\alpha + 4\beta = 360°$.

Mit Hilfe passend gewählter derartiger Gleichungen erhalten Sie ein Gleichungs-System, dessen Auflösung die Antwort auf die Aufgabe ist.

(7) Das Vorgehen entspricht dem in Aufgabe 9, erfordert aber noch weniger Aufwand.

(8) Sie können wie in Aufgabe 9 zeigen, daß es sich um Gruppe handelt, oder das Untergruppenkriterium aus Satz 9 anwenden.

(9) a) Die erste Figur hat die Deckabbildungen D_0, D_{90}, D_{180}, D_{270}. Bei der zweiten Figur kommen noch vier Spiegelungen dazu.

b) Die Verknüpfungstafel überlassen wir Ihnen. Die Deckabbildungen müssen in beiden Fällen eine Gruppe bilden:

(1) neutrales Element ist D_0.

(2) D_0 ist zu sich selbst invers.

D_{90} hat D_{270} als Inverses.

D_{180} hat sich selbst als Inverses.

D_{270} hat D_{90} als Inverses.

Die Spiegelungen sind jeweils zu sich selbst invers.

(3) Die Verknüpfung "Hintereinanderausführen" ist assoziativ, wie wir im Kapitel gezeigt haben.

(11) Das "Haus der Dreiecke" enthält lediglich die Figuren

– gleichseitiges Dreieck

– gleichschenkliges Dreieck

– "beliebiges" (unsymmetrisches Dreieck).

Für die Untergruppe $(\{D_0, D_{60}, D_{120}\}, \circ)$ der Symmetriegruppe des gleichseitigen Dreiecks gibt es keinen korrespondierenden Typ von Dreiecken, der genau diese Deckabbildungen besitzt: wenn nämlich ein

Dreieck bei Drehungen um 60° und 120° mit sich zur Deckung kommt, ist es bereits gleichseitig und damit zusätzlich achsensymmetrisch.

(12) Wir geben lediglich ein Beispiel:
Das nebenstehende Quadrat hat genau zwei Spiegelungen und die Drehungen D_0 und D_{180} als Deckabbildungen.

$\circ$	S_1	S_2	D_{180}	D_0
S_1	D_0	D_{180}	S_2	S_1
S_2	D_{180}	D_0	S_1	S_2
D_{180}	S_2	S_1	D_0	D_{180}
D_0	S_1	S_2	D_{180}	D_0

(15) a) In der Zeichnung sind die beweisrelevanten Winkel eingetragen, wobei gleich große Scheitelwinkel gleich benannt sind. Der Drehwinkel ist
$$\varrho = \alpha_1 + \beta_2 + \beta_1 + \alpha_3$$
Weiter gilt:
$$\beta_1 = \alpha_2 + \alpha_3 \text{ und } \beta_2 = \alpha_1 + \alpha_2$$
Daraus folgt die Behauptung, da für den von g und h eingeschlossenen Winkel α gilt:
$$\alpha = \alpha_1 + \alpha_2 + \alpha_3$$

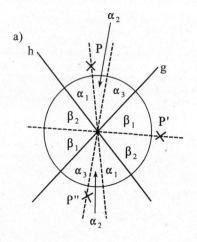

b) wenn Sie b) um 180° drehen, ergibt sich a)!

(16) Es ist lediglich zu zeigen, daß e = 2a ist!
Zunächst zur linken Abbildung:

Es gilt:

(*) $b = a_1$

    (Spiegelung an g)

(**) $b + a_1 + a_2 = c$

    (Spiegelung an h)

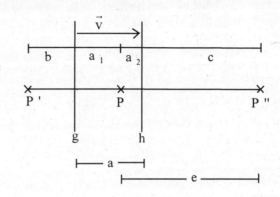

$e = a_2 + c$
$ = a_2 + b + a_1 + a_2 \;(**)$
$ = a_2 + a_1 + a_1 + a_2 \;(*)$
$ = 2a$

Zur rechten Abbildung:

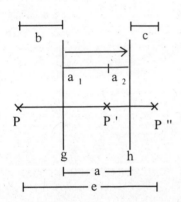

Es gilt:

(*) $b = a_1$ (Spiegelung an g)

(**) $a_2 = c$ (Spiegelung an h)

Mit * und ** ergibt sich:

$e = b + a_1 + a_2 + c$
$ = a_1 + a_1 + a_2 + a_2 = 2a$

(19)

Beim ersten Bandornament sind alle Schubspiegelungen $S_{g;\, k \cdot \vec{v}}$ mit

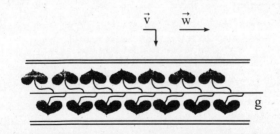

$k = 1; 3; 5; \ldots$ bzw. $k = -1; -3; -5; \ldots$ möglich. Ferner alle Verschiebungen $m \cdot \vec{w}$ mit $m \in \mathbb{Z}$.

Beim zweiten Ornament kommen in Frage:

S_g; alle Verschiebungen $k \cdot \vec{v}$ mit $k \in \mathbb{Z}$; alle Schubspiegelungen $S_{g; k \cdot \vec{v}}$ mit $k \in \mathbb{Z}$.
Dabei sei g die Mittelparallele des Ornaments. Der Verschiebungsvektor $\vec{v}$ ist unmittelbar zu erkennen.

(20) Als Deckabbildung kommen in Frage:

    (1)   Alle Verschiebungen $k \cdot \vec{w}$ mit $k \in \mathbb{Z}$.

    (2)   Alle Schubspiegelungen $S_{g; k \cdot \vec{v}}$ mit $k = 1; 3; \ldots$
            bzw.
            $k = -1; -3; \ldots$

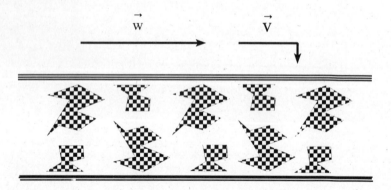

Analyse der Verknüpfungsmöglichkeiten
(1) *Verschiebung -Verschiebung*
    $(k \cdot \vec{w}) \circ (l \cdot \vec{w}) = (k + l) \cdot \vec{w}$

(2)   *Schubspiegelung - Schubspiegelung*
Bei der Verkettung zweier Schubspiegelungen "neutralisieren" sich die Spiegelungen an der Mittelachse g. Es bleibt die Verkettung zweier Verschiebungen übrig:

$$S_{g;\, k\cdot \vec{v}} \circ S_{g;\, l\cdot \vec{v}} = (k + l)\cdot \vec{v}$$

(3)   *Schubspiegelung - Verschiebung*
Das Ergebnis ist wieder eine Schubspiegelung, da die Spiegelung an der Mittelparallelen bleibt. Es sind lediglich die Verschiebungsvektoren zu addieren. Dabei ist zu berücksichtigen, daß $\vec{w} = 2\,\vec{v}$

$$S_{g;\, k\cdot \vec{v}} \circ (l\cdot \vec{w}) = S_{g;\, (k+2\,l)\cdot \vec{v}}$$

(4)   *Verschiebung - Schubspiegelung*

$$(l\cdot \vec{w}) \circ S_{g;\, k\cdot \vec{v}} = S_{g;\, (k+2\,l)\cdot \vec{v}}$$

(21)   a) oberes Bandornament:
1. Alle Verschiebungen $k\cdot \vec{v}$ mit $k \in \mathbb{Z}$
2. Alle Punktspiegelungen P_{M_i} mit $i \in \mathbb{Z}$

   unteres Bandornament:
   Alle Verschiebungen $k\cdot \vec{v}$ mit $k \in \mathbb{Z}$

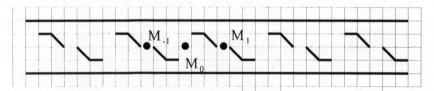

b) Verknüpfungsmöglichkeiten für die Deckabbildungen des oberen Bandornamentes:

(1)   *Verschiebung - Verschiebung*

$$(k\cdot \vec{v}) \circ (l\cdot \vec{v}) = (k + l)\cdot \vec{v}$$

(2) *Verschiebung - Punktspiegelung*

Wir betrachten zwei Beispiele:

$$(1 \cdot \vec{v}) \circ P_{M_0} = P_{M_1} \qquad (1 \cdot \vec{v}) \circ P_{M_1} = P_{M_2}$$

Wir nehmen die Existenz einer Gleichung der Gestalt

$$(k \cdot \vec{v}) \circ P_{M_i} = P_{M_{a \cdot k + b \cdot i}}$$

an. Dann muß gelten:

$a \cdot 1 + b \cdot 0 = 1$

$a \cdot 1 + b \cdot 1 = 2$

Daraus folgt:

$a = 1 \qquad b = 1$

Wir erhalten:

$$(k \cdot \vec{v}) \circ P_{M_i} = P_{M_{k + i}}$$

Wir überprüfen dies an zwei weiteren Beispielen:

$$(2 \cdot \vec{v}) \circ P_{M_1} = P_{M_3}$$

$$(1 \cdot \vec{v}) \circ P_{M_{-1}} = P_{M_0}$$

ACHTUNG: Diese Überlegung stellen *keinen Beweis* für die Gleichung dar. Näheres dazu weiter unten.

(3) *Punktspiegelung - Verschiebung*

Vier Beispiele:

$$P_{M_0} \circ (1 \cdot \vec{v}) = P_{M_{-1}} \qquad P_{M_1} \circ (1 \cdot \vec{v}) = P_{M_0}$$

$$P_{M_1} \circ (2 \cdot \vec{v}) = P_{M_{-1}} \qquad P_{M_{-1}} \circ (1 \cdot \vec{v}) = P_{M_{-2}}$$

Mit denselben Überlegungen wie oben ergibt sich die Gleichung:

$$P_{M_i} \circ (k \cdot \vec{v}) = P_{M_{i-k}}$$

(4) *Punktspiegelung - Punktspiegelung*

3 Beispiele:

$$P_{M_1} \circ P_{M_3} = (-2) \cdot \vec{v} \qquad\qquad P_{M_0} \circ P_{M_1} = -\vec{v} = (-1) \cdot \vec{v}$$

$$P_{M_1} \circ P_{M_0} = \vec{v} = 1 \cdot \vec{v}$$

Unter der Annahme der Existenz einer Gleichung erhalten wir:

$$a \cdot 1 + b \cdot 3 = -2$$
$$a \cdot 0 + b \cdot 1 = -1$$
$$\Rightarrow b = -1 \qquad a = 1$$

Also:

$$P_{M_i} \circ P_{M_j} = (i - j) \cdot \vec{v}$$

Anmerkung:

Unter Benutzung von (4) können wir (2) und (3) herleiten. Für (2) sieht das so aus:

$$(k \cdot \vec{v}) \circ P_{M_i} = ?$$

Wir zerlegen $k \cdot \vec{v}$ gemäß der Gleichung aus (4) in zwei Punktspiegelungen:

Nebenrechnung:

$$(k \cdot \vec{v}) = P_{M_x} \circ P_{M_i}$$
$$x - i = k$$
$$x = k + i$$

$$(k \cdot \vec{v}) = P_{M_{k+i}} \circ P_{M_i}$$

Damit gilt:

$$k \cdot \vec{v} \circ P_{M_i} = (P_{M_{k+i}} \circ P_{M_i}) \circ P_{M_i}$$

$$= P_{M_{k+i}} \circ (P_{M_i} \circ P_{M_i})$$

$$= P_{M_{k+i}}$$

(4)   läßt sich *beweisen*, wenn man die Punktspiegelung in zwei Achsen-spiegelungen zerlegt, deren Achsen senkrecht aufeinander stehen.

(22) Nutzen Sie die Methoden aus Abschnitt 10.

(23) Die *Beweise* der korrekten Aussagen folgen den Überlegungen aus Abschnitt 10.

Klausurvorschläge

Klausurvorschlag 1

Allgemeines zur Klausur
Die Klausur besteht aus drei Aufgabenblöcken mit je drei Aufgaben.
Jede Aufgabe ist mit 5 Punkten bewertet.
In jedem Block sind zwei Aufgaben zu bearbeiten.
Sie entscheiden, welche Aufgabe dies sind.

Sollten Sie in *einem* Block 3 Aufgaben bearbeiten, müssen Sie *deutlich* kennzeichnen, welche 2 Aufgaben korrigiert werden sollen. *(Wenn Sie dies nicht tun, werden jeweils die ersten 2 Aufgaben eines Blocks korrigiert.)*

Dies sind
– in Block 1 die Aufgaben 1 und 2,
– in Block 2 die Aufgaben 4 und 5,
– in Block 3 die Aufgaben 7 und 8.

Diese Regelung wird auch dann eingehalten, wenn Sie in der dritten Aufgabe des jeweiligen Blocks mehr Punkte erhalten hätten!

Jede Aufgabe ist mit 5 Punkten bewertet. Insgesamt sind also maximal 30 Punkte erreichbar. Die Klausur ist mit 15 Punkten bestanden.

Aufgabenblock 1: Es sind *zwei* Aufgaben zu bearbeiten.

Aufgabe 1 Gegeben ist eine Landschaft mit einem Fluß und mehreren Brücken (vgl. Abbildung folgende Seite):

a) Gibt es einen Spazierweg, der über jede Brücke genau einmal führt? Der Weg braucht kein Rundweg zu sein. Zeigen Sie mit Hilfe eines geeigneten Graphen, daß dies nicht geht. Die Zeichnung ist in nachvollziehbarer Weise zu beschriften.
b) Welche Brücke müßte *gesprengt* werden, um die Frage aus a) positiv zu beantworten.
Nennen Sie alle Möglichkeiten, geben Sie eine kurze Begründung.

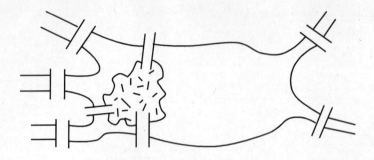

Aufgabe 2

Konstruieren Sie für den folgenden Graphen einen Eulerschen Bogenzug. Gehen Sie dabei schrittweise wie beim Beweis des Satzes vor.
Die von Schritt zu Schritt eingefügten Bogenzüge dürfen jeweils höchstens 6 Bögen enthalten.

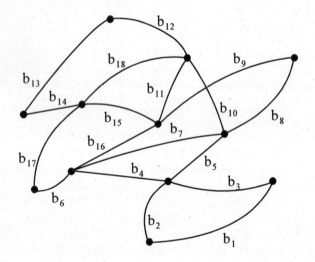

Aufgabe 3

Zeigen Sie, daß der Versorgungsgraph $V_{3,3}$ nicht plättbar ist.

Aufgabenblock 2: Es sind *zwei* Aufgaben zu bearbeiten.

Aufgabe 4

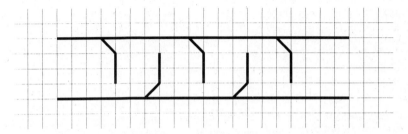

a) Geben Sie für das obige Bandornament alle Deckabbildungen an.
b) Untersuchen Sie für die Deckabbildungen des Bandornaments alle Verknüpfungsmöglichkeiten.

Aufgabe 5

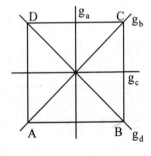

In dem nebenstehenden Quadrat sei S_a die Spiegelung an g_a, S_b die Spiegelung an g_b, S_c die Spiegelung an g_c, S_d die Spiegelung an g_d.

a) Stellen Sie die Verknüpfungstafel für die Deckabbildungen des Quadrates auf (vergessen Sie die Drehungen nicht!)

b) Zeigen Sie, daß die Menge der Deckabbildungen zusammen mit dem "Hintereinanderausführen" als Verknüpfung eine Gruppe ist.

Es genügt, die Tafel für die folgenden Typen von Verknüpfung auszufüllen:
a1) Drehung ○ Drehung,
a2) Drehung ○ Spiegelung,
a3) Spiegelung ○ Spiegelung.

Aufgabe 6

a) In der nebenstehenden Abbildung sind folgende Punkte zu konstruieren:

$$P' = S_g(P) \qquad P'' = S_h(P')$$

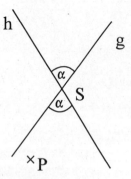

ϱ sei der Winkel, mit dem man P um S drehen
muß, um P mit P'' zur Deckung zu bringen.
Zeigen Sie, daß $\varrho = 2\alpha$ gilt.

b) In der nebenstehenden Abbildung seien die
Geraden g und h parallel. Konstruieren Sie die
folgenden Punkte:

$$P' = S_g(P) \qquad P'' = S_h(P')$$

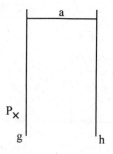

Zeigen Sie, daß die Strecke PP '' doppelt so lang
wie a ist.

Aufgabenblock 3: Es sind *zwei* Aufgaben zu bearbeiten.

Aufgabe 7

Bei einem Würfel sind zwei Flächen rot gefärbt. Er ist so aufgestellt, daß dies
die obere Fläche und die untere Fläche sind.

a) Zeichnen Sie - mit klar beschriebener Systematik - alle Würfelnetze.

b) Färben Sie jeweils 2 Quadrate in den Würfelnetzen so ein, daß der fertige
Würfel wie oben beschrieben aufgestellt werden kann.

Aufgabe 8

Zeichnen Sie die folgenden Würfelkonfigurationen a) und b) im Dreiecksgitter
und zwar
- in der Ansicht von vorne,
- in der Ansicht von hinten.

a)

3	2	
	2	1

b)

	1	
1	3	1
	2	

Aufgabe 9

Bei den folgenden angegebenen Würfelnetzen ist jeweils eine
- Ecke
- Kante
- Fläche
markiert.

Markieren Sie entsprechend

- die Ecken, die beim Zusammenfalten mit der angegebenen Ecke zusammen
  stoßen;
- die Kante, die beim Zusammenfalten mit der angegebenen Kante zusammen
  stößt;
- die Fläche, die beim Zusammenfalten der angegebenen Flächen gegen-
  überliegt.

a)

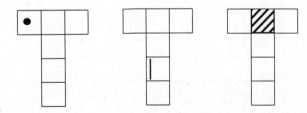

b)

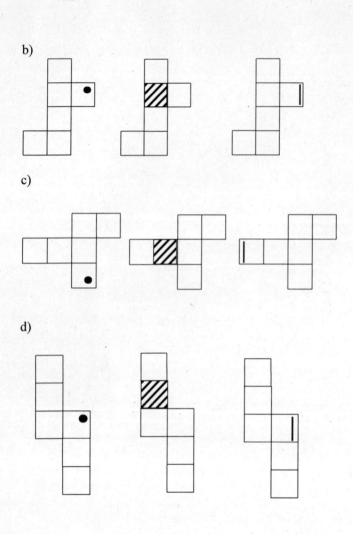

c)

d)

Klausurvorschlag 2

Zum Bestehen der Klausur sind 19 Punkte erforderlich.

Aufgabe 1 (9 P.)
a) Definieren Sie den Begriff *vollständiger Graph mit n Knoten.*
b) Definieren Sie den Begriff *Plättbarkeit eines Graphen.*
c) Illustrieren Sie den Begriff der Plättbarkeit an zwei geeigneten Beispielen.
d) Beweisen Sie, daß der Graph V_5 nicht plättbar ist.

Aufgabe 2 (6 P.)
Es gilt der Satz:
Wenn in einem Graphen jedes Gebiet von einer geraden Anzahl von Bögen begrenzt wird, dann enthält jeder Bogenkreis eine gerade Anzahl von Bögen. Illustrieren Sie den Beweisgang am Beispiel des folgenden Graphen für den Bogenkreis $k_1 - k_2 - k_3 - k_4 - k_5 - k_6 - k_9 - k_8 - k_1$.

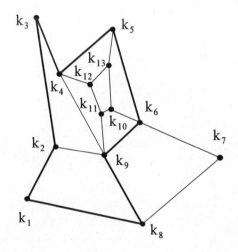

Aufgabe 3 (5 P.)
a) Nennen Sie die Gruppenaxiome.
b) Zeigen Sie, daß in einer Gruppe
  (1) das neutrale Element e eindeutig bestimmt ist,
  (2) für jedes Element a das inverse Element a' eindeutig bestimmt ist.

Aufgabe 4 (5 P.)

a) Gegeben ist die nebenstehende Raute.
   Füllen Sie die unten vorbereitete Verknüpfungstafel für die Deckabbildungen
   der Raute aus.

b) Zeigen Sie, daß die Menge der Deckabbildungen zusammen mit der Verknüpfung "Hintereinanderausführen" eine
   Gruppe bildet.

c) Geben Sie alle Untergruppen dieser
   Gruppe an.

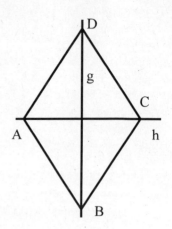

	D_0	D_{180}	S_g	S_h
D_0				
D_{180}				
S_g				
S_h				

Aufgabe 5 (5 P.)

a) Gegeben ist eine senkrechte Pyramide mit quadratischem Grundriß. Die
   Grundfläche habe die Seitenlänge a cm. Die Höhe betrage h cm. Fertigen
   Sie eine Skizze an und berechnen Sie nachvollziehbar die Seitenlänge der
   Kanten.

b) Gegeben ist ein Quader mit den Seitenlängen a cm, b cm und c cm. Fertigen
   Sie eine Skizze an und berechnen Sie die Länge der Raumdiagonalen.

Aufgabe 6 (3 P.)

Entwickeln Sie anhand geeigneter Skizzen die Flächenformeln für

a) das Parallelogramm,

b) das Trapez,

Aufgabe 7 (6 P.)

a) ABC sei ein gleichseitiges Dreieck mit der Seitenlänge a cm. Geben Sie eine Formel für die Höhe des Dreiecks an (mit Beweis).

b) ABC sei ein gleichschenkliges Dreieck. Die Grundseite habe die Länge a cm. Die beiden gleich langen Seiten haben die Länge b cm. Geben Sie eine Formel für diejenige Höhe an, die senkrecht auf der Basis steht.

Literaturverzeichnis

[1] Berge, Cl.:   Graphs and Hypergraphs. North Holland Publ.
                                  Comp.; Amsterdam, London 1973

[2] Besuden, H.:   Die Förderung der Raumvorstellung im Geo-
                                  metrieunterricht, in: Beiträge zum Mathematik-
                                  unterricht 1979, S. 64-67

[3] Besuden, H.:   Kippfolgen mit einer Streichholzschachtel, in:
                                  mathematik lehren (1985), Heft 11, S. 46-49

[4] Fraedrich, A. M.:   Zwei Anregungen zur Behandlung der Achsen-
                                  symmetrie in der Grundschule, in: Sachunter-
                                  richt und Mathematik in der Primarstufe, Jg. 15
                                  (1987), S. 34-41, 77-86, 115,116, 125-128

[5] Guedj, D.:   Die Geburt des Meters. Campus Verlag; Frank-
                                  furt New York 1991

[6] Hasemann, K.:   Schülergespräche über Würfelnetze, in: Journal
                                  für Mathematikdidaktik, Heft 2, 1985, S. 119 -
                                  140

[7] Lorenz, J. H.:   Größen und Maße in der Grundschule, in:
                                  Grundschule 11/92, S. 12-14

[8] Maier, Ph.:   Räumliches Vorstellungsvermögen. Peter Lang
                                  Europäischer Verlag der Wissenschaften;
                                  Frankfurt 1994

[9] Mitschka, A; Strehl, R.:   Einführung in die Geometrie. Herder Verlag;
                                  Freiburg 1979

[10] Oystein, O: Graphen und ihre Anwendungen. Klett Verlag,
                                  Stuttgart 1974

[11] Scheid, H.:   Elemente der Geometrie. BI Wissenschaftsver-
                                  lag, Mannheim 1991

[12] Strehl, R.:   Grundprobleme des Sachrechnens. Herder Ver-
                                  lag, Freiburg 1979

[13] Winter, H.:   Was soll Geometrie in der Grundschule?, in:
                                  Zentralblatt für Didaktik der Mathematik 1976,
                                  Heft 2, S. 14-18

[14] Winter, H.:   Zoll, Fuß und Elle - alte Körpermaße neu zu
                                  entdecken, in: Mathematik lehren, No. 19 (Dez.
                                  1986), S. 6-9

[15] Wittmann, E.:   Elementargeometrie und Wirklichkeit. Vieweg
                                  Verlag, Braunschweig 1987

[16] Wollring, B.:   Darstellung räumlicher Objekte und Situatio-
                                  nen in Kinderzeichnungen, in: Sachunterricht
                                  und Mathematik in der Primarstufe 1995, Heft
                                  11 (Teil 1), und Heft 12 (Teil 2)

[17] Yackel, E.;
      Wheatley, Gr. H.:   Raumvorstellungen im Mathematikunterricht
                                  der Grundschule, in: mathematica didactica,
                                  Jg. 12 (1989), Heft 4, S. 183-196

Index

Liste der verwendeten Symbole

$\cup$	vereinigt mit
$\cap$	geschnitten mit
$\emptyset$	leere Menge
$\setminus$	ohne
$<$	kleiner
$\leq$	kleiner oder gleich
$>$	größer
$\geq$	größer oder gleich
$=$	gleich
$\neq$	ungleich
$\approx$	ungefähr gleich
$\Rightarrow$	wenn, dann
$\Leftrightarrow$	genau dann, wenn
$[A\ B]$	Strecke mit Anfangspunkt A und Endpunkt B
$|A\ B|$	Länge der Strecke $[A\ B]$
$\vec{v}$	Vektor
$\vec{v}_{AB}$	Vektor mit Anfangspunkt A und Zielpunkt B
$[1], [2], \dots$	Restklassen
$\{1, 2, \dots\}$	Menge in aufzählender Schreibweise
$\{x|\dots\}$	Menge aller x, für die gilt ...
$\mathbb{N}$	Menge der natürlichen Zahlen
$\mathbb{N}_0$	Menge der natürlichen Zahlen einschließlich der Null
$\mathbb{Q}$	Menge der rationalen Zahlen
$\mathbb{Z}$	Menge der ganzen Zahlen
$\mathbb{R}$	Menge der reellen Zahlen
$\mathbb{R}_{>0}$	Menge der reellen Zahlen, die größer oder gleich Null sind

$(G, \circ)$	Gruppe mit Angabe der Menge G und der Verknüpfung $\circ$
a'	zu a inverses Element (in einer Gruppe)
e	neutrales Element einer Gruppe
D_α	Drehung um den Winkel α
S_g	Spiegelung an der Geraden g
$D_{M;\alpha}$	Drehung um α mit Drehzentrum M
$D_1 \circ D_2$	Verknüpfung zweier Drehungen
b_1, b_2	Bögen von Graphen
k_1, k_2	Knoten von Graphen
$F_1, F_2, \ldots$	Maßzahlen von Flächeninhalten
$\mathscr{F}_1, \mathscr{F}_2, \ldots$	Bezeichnungen für geometrische Figuren
G, G_1, G_2	Graphen
$F_\circ(r)$	Flächeninhalt des Kreises mit Radius r
$U_\circ(r)$	Umfang des Kreises mit Radius r
$\dfrac{9}{4}$	Bruchzahl
$1/2, 1/3 \ldots$	Bruchzahl
$\sqrt{a}$	Quadratwurzel aus a
a^2	Quadrat einer Zahl
$|a|$	Betrag einer reellen Zahl
a°	Maßzahlen von Winkeln
π	Kreiszahl Pi
α, β, γ	Bezeichnung von Winkeln
cos	Kosinus
sin	Sinus
$(a_n)_{n \in N}$	Folge reeller Zahlen
$\lim\limits_{n \to \infty} a_n$	Grenzwert einer Folge von Zahlen

Die *Abkürzung*
o. B. d. A. bedeutet: ohne Beschränkung der Allgemeinheit